烘 焙 食 品 行 业 培 训 教 程

★

烘 焙 教 科 书

—— 黎国雄 主编 ——

中国轻工业出版社

目 录

原材料介绍

· · · ·

面包制作四大基础材料

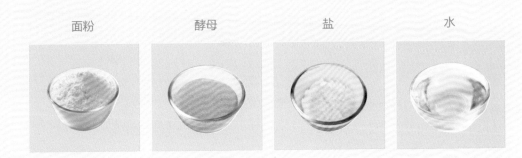

面粉　　　　　　酵母　　　　　　盐　　　　　　水

面粉　面粉是面包的主要原料，制作面粉的小麦含有其他谷物没有的独特蛋白质：醇溶蛋白和麦谷蛋白。这两种蛋白不溶于水，反而还能吸收水分，再加上搅拌揉搓等力量，就会产生面筋。面筋会将发酵时产生的二氧化碳封锁在面团中，使面团膨胀，是制作面包不能缺少的元素。按面粉中蛋白质的含量，可以把面粉分为：

	蛋白质含量	主要用途
高筋面粉	10.5%~13.5%	制作面包
中筋面粉	8.0%~10.5%	制作面条、点心
低筋面粉	6.5%~8.5%	制作点心、糕点

全麦粉是带有小麦麸皮一同磨粉制成的粉末，相对其他面粉面筋强度会较弱，有较细的颗粒感，膳食纤维和维生素含量较高。

酵母 酵母是一种单细胞生物，能在有氧和无氧的环境下生存。酵母能将糖分分解成酒精和二氧化碳，所产生的二氧化碳能够撑起面团，形成网状组织，可以使面包变得蓬松。酵母有干酵母和鲜酵母之分。

盐

食盐

海盐

食盐是很多食物中常见的重要材料。加入适量的盐可以与细砂糖的甜相互辅助，增加食物的风味。

海盐能更好地保留海水中微量元素，比其他盐更能激发出食材的原有风味。

水 水在面包制作过程中是非常重要的食材，用量仅次于面粉，因此保证面包质量的关键之一就是正确地认识和使用水。

食材介绍

细砂糖　　糖粉　　防潮糖粉

蜂蜜　　珍珠糖　　玉米糖浆

黄油

牛奶

淡奶油

奶油奶酪

帕玛森芝士粉

酸奶

马苏里拉乳酪

芝士片

水乳酪

烘焙奶粉

油脂

大豆油

猪油

橄榄油

堅果/
谷类

巴旦木

夏威夷果

开心果

白芝麻

黑芝麻　　　　核桃　　　　南瓜子仁　　　　杏仁片

栗子　　　　玉米粒　　　　小米

果干

葡萄干　　　　蔓越莓　　　　橙皮丁　　　　冻干草莓粒

肉类

熏鸡肉　　　　去壳虾仁　　　　蟹柳

鳕鱼罐头　　　　烤肠　　　　牛肉粒

火腿片 培根

酒类

朗姆酒 蜜桃酒

酱料

波隆那多肉酱 大蒜酱 沙拉酱

青芥沙拉酱 番茄酱

巧克力

苦甜巧克力 牛奶巧克力 巧克力脆珠

调味材料/香料

可可粉

咖啡粉

杏仁粉

香草精

黑胡椒粒

海苔粉

伯爵红茶叶

椰蓉

冬瓜糖

迷迭香

咖喱块

橙汁

红丝绒精

白醋

咸蛋黄

蜂蜜柚子酱

桂花酒酿

孜然

香兰叶粉

泡菜

栗子泥　　　　烘焙碱　　　　玉米淀粉　　　　澄粉

木薯淀粉　　　　糯米粉　　　　糕粉　　　　泡打粉

蔬菜
瓜果

胡萝卜　　　　马铃薯　　　　生菜　　　　红薯

南瓜　　　　芋头　　　　洋葱　　　　紫薯

小番茄　　　　黄瓜　　　　西蓝花

鸡蛋/
豆类

鸡蛋

去皮绿豆

红豆沙

果酱

草莓果酱

芒果果酱

设备与工具介绍

・・・・

设备

 烤箱通常可以分别进行上火和下火的温度设定，同时可在烘烤过程中根据不同的需求注入蒸汽。此外，烤箱上还带有换气口，在烘烤过程中可将烤箱中的蒸汽及时排出，对烤箱内部的空气进行适度的调整。

 发酵箱是一种在面团发酵时能够进行温度和相对湿度设定的发酵机器。

 冰箱分有冷藏和冷冻区域，冷藏用于水果保鲜，以及面种的低温发酵。冷冻用于保存肉类，以及各种食物定形。

 一种小型搅拌机。通常配置有三个搅拌头，以搅拌食材的软硬度来替换。弯钩形适合面团的硬度，扇形适合饼干面糊的硬度，球形适合蛋白的硬度。

 用于加热物体，方便调节温度。

 家庭常用设备，加热速度较快。可用于融化巧克力、奶油等。

工具

玻璃容器

玻璃制品，圆弧形底部，混合材料时不会有死角，方便搅拌且易清洗。

长柄刮刀

耐高温硅胶制品，弹性较好，适用于搅拌混合材料。

面包刮板

一般用于面团分割或整形时印压图形。

油纸

可避免制品与烤盘底部粘连，使用后可方便取出制品。

发酵布

用于面团发酵，定形。

高温布

可避免制品与烤箱、大理石粘连，清洗干净可多次使用。

筛网

用于粉类、液体类过滤，避免材料结块，有杂质等。

打蛋器

用于材料混合，搅拌液体等。

手持打蛋器

用于打发鸡蛋、奶油等。

羊毛刷

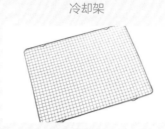

用于模具涂抹黄油或面团发酵后涂抹蛋液。

冷却架

用于烤后的制品冷却。

电子秤

食材需要电子秤精准称出所需的量。一般选择可以精确至0.1克的秤。

法棍划刀

用于面团表面的纹路造型。

剪刀

用于面团表面造型，或裱花袋剪口等。

保鲜膜

用于食材保鲜，保湿等，面团醒发时也会使用到。

擀面杖

能够将面团擀成想要的厚度、大小。

喷水壶

用于面团保湿等。

裱花袋

用于面糊造型，添加内馅。

裱花嘴

不一样的孔眼，挤出来的馅料纹路也不同。

探针温度计

测量面团温度、油温时使用。

正方形吐司模具

250克吐司模具，用于制作吐司等。

长方形吐司模具

450克吐司模具，用于制作吐司等。

烤盘

依照出品数量、大小，挑选不粘烤盘。面团发酵、烘烤时使用。

咕咕霍夫模具

单个面包模具，用于制作咕咕霍夫面包。

网格高温垫

可避免制品与烤盘粘连，底部有密集孔眼，制品更加美观。

钢尺

用于衡量制品长短。

发酵盒

用于含水量较大的面团发酵。

水果刀

切割水果、果干、蔬菜瓜果等使用。

锯齿刀

因波浪形刀口，比较适合切割烘烤好的面包，并造型。

U形模具

用于面团定形，本书中用于蔓越莓饼干定形。

木质面包模具

用于面包烘烤时定形。

奶锅

可避免面糊等食材煮制时粘锅，不容易糊。

均质机

用于搅拌食材等，可将食材搅拌至细腻顺滑。

费南雪模具

用于制作费南雪蛋糕，形状类似金砖。

玛德琳模具

用于制作玛德琳蛋糕，形状类似贝壳。

月饼模具

内部可以更换花纹，本书中用于制作绿豆糕。

塔皮模具

4寸大的镂空圈模，用于制作塔类食物。

钢圈模具

用于按压出适当大小的图形。

面包制作流程

• • •

1. 搅拌：搅拌是指将制作面包的食材放入搅拌机中，利用搅拌机旋转手臂的转动，将食材搅拌在一起，制作出面团的过程。可根据面团的搅拌情况分为以下4个阶段。

第一阶段：食材混合阶段

将所有食材（油脂、食盐、果脯坚果类除外）放入搅拌桶中，以慢速搅拌，让所有材料与水（各种液体材料）能均匀混合。此时的面团湿黏，外表糊化。油脂类须等其他材料搅拌均匀，面筋的网状结构建立后才能放入，否则油脂会阻碍面筋的形成。

第二阶段：面团卷起阶段

搅拌转为中速，让面团材料完全混合，面团呈胶黏状，此时面筋已经形成，水分被面粉均匀吸收，面团看起来仍湿黏且表面不光滑，手指触碰不怎么粘手，面团无伸展性，拉扯容易断裂。

第三阶段：面筋扩展阶段

转为慢速，加入食材中的油脂，直到油脂完全融合。

第四阶段：搅拌完成阶段

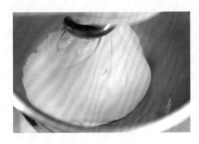 

快速搅拌，面团具有良好的弹性及延展性，面团柔软，表面出现轻微的黏性。面团在搅拌钩转动时会有黏附在盆壁的感觉，但面团会随搅拌钩带动离开并不会留在盆壁（此阶段可加入果脯、坚果等风味食材）。此时须停止搅拌，否则会搅拌过度。

2. 醒发：醒发是指搅拌之后形成的面团松弛、膨胀的过程。在这个过程中，需要将面团放置于适宜的温度下开始发酵，使酵母变得活跃。醒发过程中酵母生成二氧化碳、酒精、有机酸等化合物，这些物质能为面包增添不同的风味，使面包更加美味。

3. 分割、滚圆：分割是指将醒发后的面团按照需求分割成小面团的步骤。滚圆是指将分割好的面团揉成球形。球形在最后成形时的通用性比较高，可以轻松变成各种形状。

4. 再次醒发：再次醒发是指将滚圆后的面团静置，使其恢复自身的柔软性和延展性。

5. 成形：成形是指将醒发后的面团揉成各种形状的过程。本书中所用形状有球形、橄榄形、圆柱形、卷状、棒状等。

6. 最终发酵：最终发酵是指成形后的面团最终发酵的过程。最终发酵尤为重要，如果最终发酵不充分，面团在烘烤过程中就不会膨胀成所需形状。发酵过度又会使面团失去原有形状，变得不美观。

7. 烤前装饰：烤前装饰是指面团放入烤箱之前进行装饰的过程。为使烘烤出来的面团具有一定的光泽，更具美味，可以在面包表面适量涂抹蛋液，放上可烘烤的食材进行搭配。

8. 烘烤：烘烤是指将面团放入烤箱中，将其烤制成面包的过程。根据面团重量、形状、面团种类等不同条件，须做出改变。

9. 出炉：出炉是指将烘烤好的面包从烤箱中取出的过程。烤好的面包一定要尽快从烤箱取出，放于冷却架上。如果长时间放置于烤盘上，面包底部会有蒸汽积聚，使面包变得饱胀，变湿。出炉之后一定要轻振烤盘，让面包与模具或烤盘脱离。

10. 冷却：冷却是指将烤好的面包移至冷却架上，让面包在常温下自然散热。常温冷却的时间，小面包为20分钟，大面包为1小时左右。

蛋糕搅拌流程

• • • •

蛋白的搅拌程度

| 第一阶段 | 材料混合 | > | 第二阶段 | 湿性发泡 | > | 第三阶段 | 中性发泡 | > | 第四阶段 | 干性发泡 |

蛋糕搅拌工艺流程

1. 戚风蛋糕操作示意图

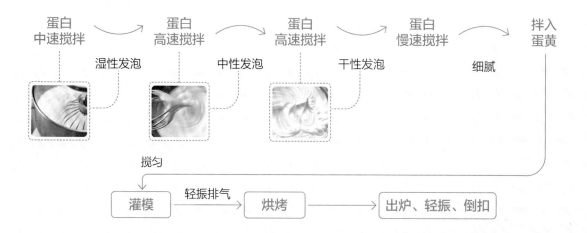

| 戚风蛋糕 | 〉 | 戚风蛋糕的搅拌方法是将蛋白和蛋黄分开搅拌，先把蛋白搅拌至蓬松柔软，再拌入蛋黄面糊，这种蛋糕称为戚风蛋糕。通常用于制作蛋糕坯、蛋卷、模具蛋糕等。戚风蛋糕鸡蛋香味浓郁，油脂香味突出，吃后有回味，结构绵密有弹性，组织细密紧韧。 |

2. 海绵蛋糕　海绵蛋糕的搅拌方法相对戚风比较方便、快捷。通常用于制作慕斯蛋糕、蛋卷、杯子蛋糕等。海绵蛋糕的结构比较绵软有韧性，油脂味也比较轻。

3. 重油蛋糕　重油蛋糕利用配方中固体油脂在搅拌时注入空气，成形后的面糊在烤箱内受热膨胀成蛋糕，用油量可达100%，因此称为重油蛋糕，又称奶油蛋糕。通常用于制作翻糖蛋糕坯、杯子蛋糕、旅行蛋糕等。重油蛋糕油香浓郁，口感深厚有回味，结构相对紧密，有一定的弹性。

面团搅拌流程

· · ·

1. 直接发酵面团的步骤示意图

| 直接发酵面团 | 〉 | 是指将制作面包的全部食材一次性放入搅拌机中搅拌，并且一次性将面团搅拌完成的方法。可以有效缩短制作面包所需时间。比较容易控制面包的口味和造型。 |

2. 中种发酵面团的步骤示意图

＞ 是从总粉量中取少量面粉等食材提前一天搅拌成团，低温发酵6小时以上形成风味，再混入主面团中搅拌的方法。这种做法能延缓面包的老化速度，面团造型能力更强。由于中种发酵时间长，面团具有更强的酸味与独特风味。

中种面团制作示意图：

3. 液种发酵面团的步骤示意图

液种发酵
面团 ＞ 从总粉量中取少量的面粉与水按照1:1的比例搅拌在一起，然后加入少量的酵母和食盐混合成糊状面团，低温发酵12小时以上形成风味。

液种面团制作示意图：

01
PART

软质面包

曲奇面包

🥄 制作数量：15个。

🧁 产品介绍：曲奇原是一种高糖、高油脂的食品，原名意为细小的蛋糕，最初由伊朗人发明，后在欧美节日庆祝时作为礼物以表示心意和尊敬，口感独特。

 材料

曲奇酱	中种面团	主面团	
黄油 75克	高筋面粉 210克	高筋面粉 60克	鸡蛋 36克
细砂糖 75克	细砂糖 15克	低筋面粉 30克	水 10克
蛋黄 25克	干酵母 2克	细砂糖 60克	干酵母 1克
蛋白 35克	水 120克	奶粉 6克	中种面团 347克
香草精 .... 适量		炼乳 15克	食盐 4.5克
低筋面粉 75克	**表面装饰**	蛋黄 15克	黄油 30克
	珍珠糖 .... 适量		

操作步骤 ★ 须提前制作好中种面团，并冷藏发酵6小时。

第一步：制作曲奇酱

1　将所有食材称好备用。

2　将黄油、细砂糖加入容器中搅拌均匀，加入蛋黄、蛋白、香草精拌匀。

3　加入过筛后的低筋面粉拌匀，装入裱花袋备用。

 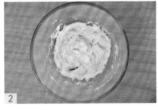 

第二步：和面

4 除食盐、黄油外，所有主面团食材倒入搅拌桶中搅拌至厚膜，加入食盐、黄油搅拌至完全扩展。

（具体可参考中种面团搅拌流程制作。）

第三步：初次醒发

5 取出面团稍作滚圆，盖上保鲜膜室温醒发20分钟。

第四步：分割，滚圆

6 醒发后分割成35克/个，滚圆，盖上保鲜膜继续醒发15分钟。

（面团分割时可使用适量的面粉或者油脂来防止粘手。）

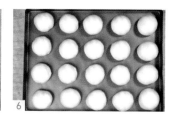

第五步：整形

7 取出，放置于桌面上，用擀面杖擀开，卷成较短的圆柱形。2个为1组，并排放置于模具中。

第六步：最终发酵

8 放入发酵箱发酵至2倍大，发酵温度34℃，相对湿度78%，时间约60分钟。

第七步：烤前装饰

9 表面均匀挤上曲奇酱，撒上适量的珍珠糖。

第八步：烘烤

10 放入烤箱，以上火200℃、下火175℃，烘烤约12分钟，烤至金黄色，取出轻振。

红薯面包

 材料

🥄 制作数量：15个。

🧁 产品介绍：红薯面包外形呈现浅浅的金黄色，绵软的薯泥香甜诱人，撕开面包，组织香软，蓬松细腻，让人一口就爱上它。

红薯泥

熟红薯	200克
细砂糖	15克
奶粉	30克

酥粒

黄油	50克
细砂糖	50克
低筋面粉	100克
香草精	适量
柠檬屑	适量

焦糖酱

细砂糖	60克
水	10克
淡奶油	60克

中种面团

高筋面粉	210克
细砂糖	15克
干酵母	3克
水	120克

主面团

高筋面粉	60克
低筋面粉	30克
细砂糖	60克
奶粉	6克
干酵母	1克
中种面团	347克
炼乳	15克
蛋黄	15克
鸡蛋	36克
水	10克
食盐	4.5克
黄油	30克

第一步：制作红薯泥

1　红薯蒸熟，倒入细砂糖、奶粉混合均匀备用。

第二步：制作酥粒

2　将所有酥粒食材混合，用手揉搓成较小的颗粒，备用。

第三步：制作焦糖酱

3　细砂糖、水倒入奶锅中加热至焦糖色。

4　加入热淡奶油，混匀后冷却装袋备用。

第四步：和面

5　除食盐、黄油外，所有主面团食材倒入搅拌桶中搅拌至厚膜，加入食盐、黄油搅拌至完
　　全扩展。

　　（具体可参考中种面团搅拌流程制作。）

第五步：初次醒发

6　取出，稍作滚圆，盖上保鲜膜室温醒发20分钟。

第六步：分割，滚圆

7　醒发后分割成60克/个，滚圆，盖上保鲜膜继续醒发15分钟。

第七步：整形

8 取出，放置于桌面上，用手轻拍排气，用擀面杖将其擀开，粗糙面朝上。

9 将红薯馅均匀涂抹在面团表面，顶部放1片芝士片，将其卷成圆柱形。

10 用刀将其平均分成3份，切口朝上，并排放在面包底托上，移至烤盘。

第八步：最终发酵

11 放入发酵箱，发酵温度34℃，相对湿度78%，发酵约60分钟，至1.5倍大。

第九步：烤前装饰

12 取出，表面刷上蛋液，均匀撒上酥粒，挤上适量的焦糖酱。

（涂抹蛋液时动作轻盈，避免破坏面团组织，导致面团起气泡。）

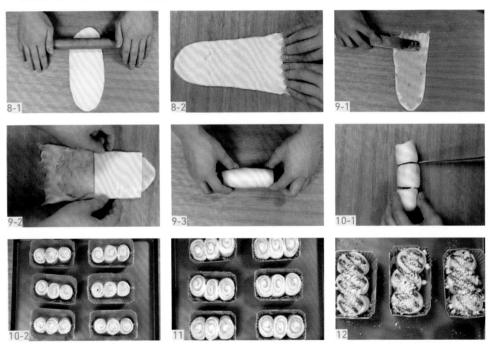

第十步：烘烤

13 放入烤箱，以上火200℃、下火175℃，烘烤约13分钟至金黄色，取出轻振。

蔓越莓曲奇面包

🥄 制作数量：15个。

🧁 产品介绍：蔓越莓干口感酸甜，面包体细腻柔软，富含水分，吃起来香浓可口。

材料

酒渍蔓越莓		蔓越莓曲奇酱		主面团	
蔓越莓干	50克	黄油	75克	高筋面粉	60克
朗姆酒	5克	细砂糖	75克	低筋面粉	30克
		蛋黄	25克	细砂糖	60克
中种面团		蛋白	35克	奶粉	6克
高筋面粉	210克	香草精	适量	炼乳	15克
细砂糖	15克	低筋面粉	75克	蛋黄	15克
干酵母	3克	酒渍蔓越莓	50克	鸡蛋	36克
水	120克			水	10克
				干酵母	1克
				中种面团	347克
				食盐	4.5克
				黄油	30克

 ★ 须提前制作好中种面团，并冷藏发酵6小时。

第一步：准备工作

1 将所有蔓越莓曲奇酱食材称好备用。

（蔓越莓干提前浸泡温水3小时，过筛沥干水分，加入朗姆酒密封冷藏6小时。）

第二步：制作蔓越莓曲奇酱

2 将黄油、细砂糖搅拌均匀，加入蛋黄、蛋白、香草精搅拌均匀。

3 加入过筛后的低筋面粉拌匀。

4 加入酒渍蔓越莓拌匀，装入裱花袋备用。

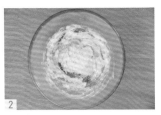

第三步：制作面团，和面

5 除食盐、黄油外，所有主面团食材倒入搅拌桶中搅拌至厚膜，加入食盐、黄油搅拌至完全扩展。

（具体可参考中种面团搅拌流程制作。）

第四步：初次醒发

6 取出，稍作滚圆，盖上保鲜膜室温醒发20分钟。

第五步：分割，滚圆

7 醒发后分割成35克/个，滚圆，盖上保鲜膜继续醒发15分钟。

（面团分割时可使用适量的面粉或者油脂来防止粘手。）

第六步：整形

8 取出，放置于桌面上，用擀面杖擀开，卷成较短的圆柱形。2个为1组，并排放置于模具中。

第七步：最终发酵

9 放入发酵箱发酵至2倍大，发酵温度34℃，相对湿度78%，时间约60分钟。

第八步：烤前装饰

10 表面均匀挤上蔓越莓曲奇酱。

第九步：烘烤

11 放入烤箱，以上火200℃、下火180℃，烘烤约12分钟，烤至金黄色。取出轻振。

  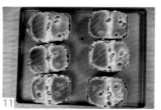

巧克力
克林姆面包

✏ 制作数量：15个。

🧁 产品介绍：克林姆面包是经典点
　心，香甜松软，可以添加不同口
　味制作，可谓色、香、味、形俱
　佳，受人喜爱。

扫码观看制作视频

材料

蜂蜜焦糖酱
细砂糖..............70克
蜂蜜..................30克
牛奶..................80克

巧克力卡仕达馅
水 100克
牛奶..............100克
黄油..................23克
细砂糖..............30克
低筋面粉..........10克
玉米淀粉 13克
鸡蛋..................45克
可可粉................6克
纯脂巧克力.......20克

表面装饰
鸡蛋液..............适量
杏仁片 ....适量
蜂蜜焦糖酱.......适量

中种面团
高筋面粉........210克
细砂糖..............15克
干酵母................3克
水 120克

主面团
高筋面粉..........60克
低筋面粉..........30克
中种面团 348克
干酵母................1克
细砂糖..............60克
奶粉....................6克
炼乳..................15克
蛋黄..................15克
鸡蛋..................36克
冰水..................10克
食盐................4.5克
黄油..................30克

操作步骤 ★ 须提前制作好中种面团，并冷藏发酵6小时。

第一步：制作蜂蜜焦糖酱

1 将细砂糖、蜂蜜倒入奶锅中煮至焦糖色，加入温牛奶拌匀，冷却后装入裱花袋备用。

（牛奶温度过低时，加入容易结块，提前将牛奶煮开再倒入。）

第二步：制作巧克力卡仕达馅

2 将鸡蛋、细砂糖、玉米淀粉、低筋面粉和可可粉放入容器中搅拌至无干粉状。

3 将水、牛奶、黄油放入奶锅中煮至沸腾。

4 倒入步骤2材料中拌匀，拌匀后倒回奶锅中小火煮至黏稠。

5 倒入纯脂巧克力拌匀，放入冰箱冷藏备用。

第三步：和面

6 除食盐、黄油外，所有主面团食材倒入搅拌桶中搅拌至厚膜，加入食盐、黄油搅拌至完全扩展。

（具体可参考中种面团搅拌流程制作。）

第四步：初次醒发

7 取出，稍作滚圆，盖上保鲜膜室温醒发20分钟。

第五步：分割，滚圆

8　醒发后分割成60克/个，滚圆，再次醒发15分钟。

第六步：整形

9　取出面团，放置于桌面上。用手掌轻拍排气，粗糙面朝上，放入适量巧克力卡仕达馅，将其包裹成球形，底部黏合，放置于烤盘上。

　　（馅料要尽量放在面团中间位置。面团边缘不要粘到馅料，避免黏不住。如果黏合部分没有捏合好，发酵后很容易裂开。）

第七步：最终发酵

10　放入发酵箱，发酵温度34℃，相对湿度60%，发酵约60分钟，至1.5倍大。

第八步：烤前装饰

11　取出，在表面涂抹蛋液，撒上杏仁片。用剪刀在面团表面剪一个十字口，再挤上适量的蜂蜜焦糖酱。

12　放入烤箱，以上火200℃、下火180℃，烘烤约12分钟至金黄色。取出，轻振排气。

哈密瓜面包

 制作数量：15个。

产品介绍：哈密瓜面包外形比较像哈密瓜，纹路比较细致，表层面皮酥脆，掰开可以看到面包体有空洞，吃起来松软绵密，结合了香、酥、脆3种口感。

材料

哈密瓜皮

低筋面粉 110克
杏仁粉 25克
黄油 62克
糖粉 75克
鸡蛋 37克
香草精 .... 适量
柠檬皮屑 2克

中种面团

高筋面粉 210克
细砂糖 15克
干酵母 2克
水 145克

主面团

高筋面粉 70克
低筋面粉 20克
细砂糖 40克
奶粉 6克
鸡蛋 40克
淡奶油 15克
冰水 33克
干酵母 1克
中种面团 370克
黄油 45克
食盐 4克
柠檬皮屑 3克

表面装饰

哈密瓜皮 .... 适量
细砂糖 .... 适量

操作步骤

★ 须提前制作好中种面团，并冷藏发酵6小时。

第一步：制作哈密瓜皮

1　将所有食材称好备用。

2　将黄油、糖粉放入容器中拌匀，加入鸡蛋、香草精、柠檬皮屑拌匀。

3　加入过筛后的低筋面粉、杏仁粉搅拌成团。放入冰箱冷藏20分钟备用。

第二步：和面

4 除食盐、黄油外，所有土面团食材倒入搅拌桶中搅拌至厚膜，加入食盐、黄油搅拌至完全扩展。

（具体可参考中种面团搅拌流程制作。）

第三步：初次醒发

5 取出，稍作滚圆，盖上保鲜膜室温醒发20分钟。

第四步：分割，滚圆

6 醒发后分割成60克/个，滚圆，盖上保鲜膜继续醒发15分钟。

第五步：整形

7 取出面团，放置于桌面上，手掌轻拍排气，再次滚圆，底部黏合，表面喷水保持湿润。

（将面团中的气体排尽，使其呈现较为紧实的球形。）

8 将哈密瓜皮取出，分割成25克/个，轻揉，用刮刀压扁，包裹面团。

9 裹上1层细砂糖，用刮刀在哈密瓜皮上印出花纹，放入烤盘。

（压的时候力度不要过大。）

第六步：最终发酵

10 放入发酵箱中发酵至2倍大，发酵温度34℃，相对湿度60%，时间约60分钟。

第七步：烘烤

11 取出，放入烤箱，以上火190℃、下火175℃，烘烤14分钟，烤至金黄色，取出轻振。

颗粒红豆面包

 制作数量：15个。

🧁 产品介绍：颗粒红豆面包是怀旧经典款之一，将美味的红豆馅塞入松软的面包中，简单制作出面包店中的人气面包。

扫码观看制作视频

材料

中种面团

高筋面粉 210克
细砂糖 15克
干酵母 2克
水 120克

内馅

红豆沙 .... 适量

表面装饰

蛋液 .... 适量
黑芝麻 .... 适量

主面团

高筋面粉 60克
低筋面粉 30克
细砂糖 60克
奶粉 6克
炼乳 15克
蛋黄 15克
鸡蛋 36克
冰水 10克
干酵母 1克
中种面团 347克
食盐 4.5克
黄油 30克

第一步：和面

1 除食盐、黄油外，所有主面团食材倒入搅拌桶中搅拌至厚膜，加入食盐、黄油搅拌至完全扩展。

（具体可参考中种面团搅拌流程制作。）

第二步：初次醒发

2 取出，稍作滚圆，盖上保鲜膜室温醒发20分钟。

第三步：分割，滚圆

3 醒发后分割成60克/个，滚圆，盖上保鲜膜继续醒发15分钟。

（面团分割时可使用适量的面粉或者油脂来防止粘手。）

第四步：整形

4 取出，放置于桌面，用手掌轻拍排气，粗糙面朝上，放上适量的红豆馅，将其包裹起来，边缘部分黏合，形成球形，放入烤盘。

（馅料要尽量放在面团中间位置。面团边缘不要粘到馅料，避免黏不住。如果黏合部分没有捏合好，发酵后很容易裂开。）

第五步：最终发酵

5 放入发酵箱，发酵温度34℃，相对湿度60%，发酵约60分钟，发酵至2倍大。

第六步：烤前装饰

6 取出，于面团表面涂抹蛋液，用擀面杖的一端粘黑芝麻，印在面团顶部。

（涂抹蛋液时动作轻盈，避免破坏面团组织，导致面团起气泡。）

第七步：烘烤

7 放入烤箱，以上火200℃、下火190℃，烘烤约13分钟，烤至金黄色，取出轻振。

桂花甜酒
红豆面包

🥄 制作数量：15个。

🧁 产品介绍：桂花甜酒红豆面包虽
然看起来普通，但是味道好得出
乎意料。轻咬一口就能体验到陷
入牙齿的柔软，纯粹的豆沙香香
甜甜，细品还能感受到淡淡的桂
花酒酿的香醇。

扫码观看制作视频

 材料

中种面团

高筋面粉 210克
细砂糖 15克
干酵母 3克
水 110克
桂花酒酿 75克

内馅

红豆馅 .... 适量

表面装饰

小米 .... 适量
盐渍樱花 .... 适量

主面团

高筋面粉 60克
低筋面粉 30克
中种面团 413克
干酵母 1克
细砂糖 40克
奶粉 6克
炼乳 15克
蛋黄 15克
鸡蛋 36克
冰水 10克
食盐 4.5克
黄油 30克

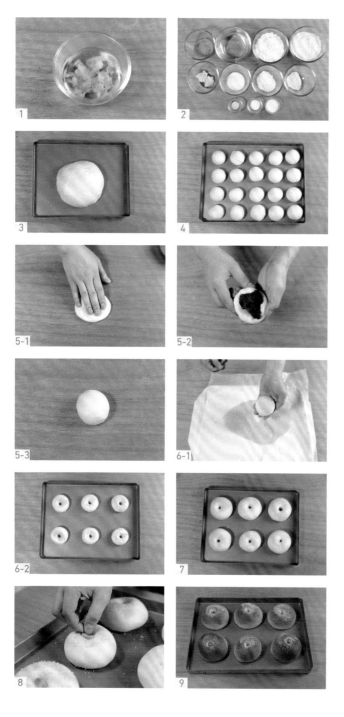

第一步：准备工作

1　将盐渍樱花放入温水中浸泡1小时。

第二步：和面

2　除食盐、黄油外，所有主面团食材倒入搅拌桶中搅拌至厚膜，加入食盐、黄油搅拌至完全扩展。

（具体可参考中种面团搅拌流程制作。）

第三步：初次醒发

3　取出，稍作滚圆，盖上保鲜膜室温醒发20分钟。

第四步：分割，滚圆

4　醒发后分割成60克/个，滚圆，盖上保鲜膜继续醒发15分钟。

第五步：整形

5　取出，放置于桌面上，用手掌轻拍排气，粗糙面朝上，放入约35克红豆馅，将其完全包裹，底部黏合。

6　面团表面粘适量小米，置于烤盘上。用手在面团中间压出孔眼。

（手指可适当粘黏面粉或水来防粘。手指压孔眼时深度可以触碰到烤盘。）

第六步：最终发酵

7　放入发酵箱，发酵温度34℃，相对湿度75%，发酵约60分钟，发酵至2倍大。

第七步：烤前装饰

8　取出，在孔眼内放上1朵盐渍樱花。

第八步：烘烤

9　放入烤箱，以上火200℃、下火175℃，烘烤约12分钟至金黄色，取出轻振。

焦糖
奶油面包

🥄 制作数量：10个。

🧁 产品介绍：焦糖奶油面包有着闪亮光泽的焦糖表层，吃起来外壳独特香脆，浓香焦糖与奶油绝配，混合着两种香气，独特的香味令人印象深刻。

材料

焦糖奶油

鲜奶油............150克

细砂糖.............60克

水 10克

淡奶油.............60克

香草精............ 适量

中种面团

高筋面粉........210克

细砂糖.............15克

干酵母.............3克

水 120克

表面装饰

蛋液 .... 适量

主面团

高筋面粉 60克

低筋面粉 30克

可可粉...............4克

细砂糖.............60克

奶粉.................6克

炼乳.................15克

蛋黄.................15克

鸡蛋.................36克

水 10克

中种面团 348克

食盐.................4.5克

黄油.................30克

烤后加工

焦糖奶油.......... 适量

巧克力脆珠....... 适量

★ 须提前制作好中种面团，并冷藏发酵6小时。

第一步：制作焦糖奶油

1 将细砂糖、水倒入奶锅中煮至焦糖色。加入温淡奶油拌匀冷却至常温。

2 待焦糖冷却常温后加入鲜奶油、香草精拌匀，装入裱花袋冷藏备用。

第二步：和面

3 除食盐、黄油外，所有主面团食材倒入搅拌桶中搅拌至厚膜，加入食盐、黄油搅拌至完全扩展。

（具体可参考中种面团搅拌流程制作。）

第三步：初次醒发

4 取出，稍作滚圆，盖上保鲜膜室温醒发20分钟。

第四步：分割，滚圆

5 醒发后分割成60克/个，滚圆，盖上保鲜膜继续醒发15分钟。

第五步：整形

6 取出面团，放置于桌面上，用擀面杖将其擀开，卷成长度约15厘米长的圆柱形。

7 整形后表面涂抹蛋液，室内风干5分钟。用刀片在面团表面均匀划上刀痕。

（稍微风干后再划可以让刀痕更加明显，刀口不会黏合在一起。）

第六步：最终发酵

8 放入发酵箱，发酵温度34℃，相对湿度60%，发酵约60分钟，至1.5倍大。

第七步：烘烤

9 放入烤箱，以上火200℃、下火180℃，烘烤约12分钟至金黄色。取出轻振，冷却。

第八步：烤后加工

10 待面包冷却后表面切1刀，不要切断。

11 挤上焦糖奶油，撒上适量的巧克力脆珠。

胡桃奶油面包

🥄 制作数量：15个。

🧁 产品介绍：胡桃奶油面包添加了奶油，奶香浓郁，有回味，吃在口中香软诱人，自有一种独特风味。蓬松的面包，夹着厚厚的纯白奶油，捧在手心，赏心悦目。拍照记录完才舍得咬下第一口。

材料

中种面团
高筋面粉 210克
细砂糖 15克
干酵母 2克
水 120克

主面团
高筋面粉 60克
低筋面粉 30克
细砂糖 60克
奶粉 6克
炼乳 15克
蛋黄 15克
鸡蛋 36克
水 10克
干酵母 1克
中种面团 347克
食盐 4.5克
黄油 30克

鲜奶油
淡奶油 100克
糖 8克

烤后加工
鲜奶油 .... 适量
奶油奶酪碎 .... 适量
烤熟山核桃 .... 适量
蜂蜜 .... 适量

操作步骤 ★ 须提前制作好中种面团，并冷藏发酵6小时。

第一步：制作鲜奶油
1 将所有鲜奶油食材倒入容器打发，装入装有裱花嘴的裱花袋中冷藏备用。

第二步：和面
2 除食盐、黄油外，所有主面团食材倒入搅拌桶中搅拌至厚膜，加入食盐、黄油搅拌至完全扩展。
（具体可参考中种面团搅拌流程制作。）

第三步：初次醒发
3 取出，稍作滚圆，盖上保鲜膜室温醒发20分钟。

第四步：分割，滚圆

4 醒发后分割成60克/个，滚圆，盖上保鲜膜继续醒发15分钟。

（面团分割时可使用适量的面粉或者油脂来防止粘手。）

第五步：整形

5 取出面团，放置于桌面上，用擀面杖将其擀开，预留底部小部分作坯形，粗糙面朝上，卷成橄榄形，移至烤盘中。

（要将两头转动成较细的形状，使整个面团呈现出两头细，中间粗的样子。）

第六步：最终发酵

6 放入发酵箱，发酵温度34℃，相对湿度60%，发酵约60分钟，至2倍大。

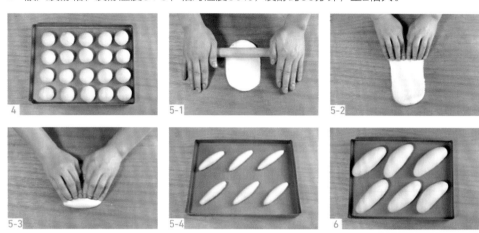

第七步：烘烤

7 取出，放入烤箱，以上火200℃、下火185℃，烘烤约12分钟至金黄色。取出轻振排气，冷却备用。

第八步：烤后加工

8 待冷却后，用锯齿刀在面包表面竖着切割，不要切断。

9 切面挤上鲜奶油。

10 放上烤熟山核桃、奶油奶酪碎，表面挤上蜂蜜。

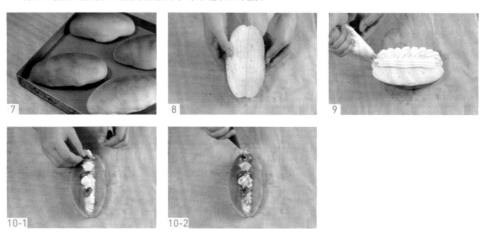

蒙布朗
栗子面包

🥄 制作数量：15个。

🧁 产品介绍：蒙布朗是法文"勃朗峰"
的音译，是一道非常经典的法式栗
子蛋糕。大量的栗子泥制作而成的
栗子奶油，以线条方式挤在蛋糕
上，呈现出蒙布朗蛋糕所特有的造
型。以蒙布朗蛋糕为灵感的蒙布朗
栗子面包同样栗香四溢。

材料

鲜奶油

淡奶油	100克
细砂糖	8克

焦糖栗子

熟栗子	200克
细砂糖	60克
水	20克

栗子奶油

栗子泥	200克
淡奶油	40克

中种面团

高筋面粉	210克
细砂糖	15克
干酵母	2克
水	120克

主面团

高筋面粉	60克
低筋面粉	30克
细砂糖	60克
干酵母	2克
奶粉	6克
炼乳	15克
蛋黄	15克
鸡蛋	36克
水	10克
中种面团	347克
食盐	4.5克
黄油	30克

烤后加工

鲜奶油	适量
焦糖栗子	适量
栗子奶油	适量
防潮糖粉	适量

操作步骤 ★ 须提前制作好中种面团，并冷藏发酵6小时。

第一步：制作鲜奶油

1 将所有鲜奶油食材倒入容器中打发，装入裱花袋冷藏备用。

第二步：制作焦糖栗子

2 将细砂糖、水倒入奶锅中煮至焦糖色，倒入熟栗子拌匀，每粒分离备用。

 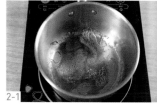 

第三步：制作栗子奶油

3 将栗子泥、淡奶油混合均匀，装入带裱花嘴的裱花袋中冷藏备用。

第四步：和面

4 除食盐、黄油外，所有主面团食材倒入搅拌桶中搅拌至厚膜，加入食盐、黄油搅拌至完全扩展。

（具体可参考中种面团搅拌流程制作。）

第五步：初次醒发

5 取出面团，稍作滚圆，盖上保鲜膜室温醒发20分钟。

第六步：分割，滚圆

6 醒发后分割成60克/个，滚圆，盖上保鲜膜继续醒发15分钟。

第七步：整形

7 取出，放置于桌面上，手指轻拍排气，再次揉圆，底部黏合，形成球形。移至烤盘上。

第八步：最终发酵

8 放入发酵箱，发酵温度34℃，相对湿度60%，发酵约60分钟，至2倍大。

第九步：烘烤

9 取出，放入烤箱，以上火200℃、下火190℃，烘烤约12分钟至金黄色。取出，轻振烤盘排气，冷却备用。

第十步：烤后加工

10 待冷却后，在面包表面用锯齿刀切1刀并展开，不要切断。

11 在面包边缘切割部分挤上鲜奶油，合起面包。

12 在鲜奶油上挤上适量的栗子奶油。

13 面包中间放上焦糖栗子，筛1层防潮糖粉。

生巧克力面包

🧁 产品介绍：香浓诱人的巧克力味，柔软的口感和甜蜜的味道，完美地诠释了生巧克力面包，巧克力面包经得起各种口味挑剔，表面富有曲线美的巧克力花纹增添了不少色彩。

 材料

巧克力甘纳许	主面团	烤后加工
淡奶油............100克	高筋面粉..........60克	巧克力甘纳许 ... 适量
玉米糖浆..........20克	低筋面粉..........30克	可可粉.............适量
纯脂巧克力.....100克	细砂糖............60克	开心果碎..........适量
	奶粉..................6克	
中种面团	炼乳................15克	
高筋面粉........210克	蛋黄................15克	
细砂糖............15克	鸡蛋................36克	
干酵母..............3克	水 10克	
水 120克	干酵母..............1克	
	中种面团........347克	
	食盐..............4.5克	
	黄油................30克	

 操作步骤 ★ 须提前制作好中种面团，并冷藏发酵6小时。

第一步：制作巧克力甘纳许

1　纯脂巧克力放入容器中加热融化，加入淡奶油、玉米糖浆混匀，装入装有裱花嘴的裱花袋中冷藏备用。

第二步：和面

2　除食盐、黄油外，所有主面团食材倒入搅拌桶中搅拌至厚膜，加入食盐、黄油搅拌至完全扩展。
（具体可参考中种面团搅拌流程制作。）

第三步：初次醒发

3　取出，稍作滚圆，盖上保鲜膜室温醒发20分钟。

第四步：分割，滚圆

4　醒发后分割成60克/个，滚圆，盖上保鲜膜继续醒发15分钟。

第五步：整形

5　取出面团，放置于桌面上，用擀面杖将其擀开，预留底部小部分作坯形，粗糙面朝上，
　　卷成橄榄形，移至烤盘中。

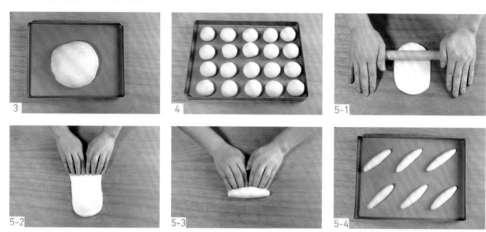

第六步：最终发酵

6　放入发酵箱，发酵温度34℃，相对湿度60%，发酵约60分钟，至2倍大。

第七步：烘烤

7　取出，放入烤箱，以上火200℃、下火185℃，烘烤约12分钟至金黄色。取出轻振排
　　气，冷却备用。

第八步：烤后加工

8　待冷却后，用锯齿刀在面包表面竖着切割，不要切断。

9　挤上巧克力甘纳许。

10　撒上适量的开心果碎，筛1层可可粉。

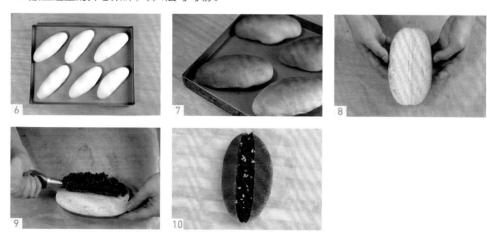

奶油卷
餐包

🥄 制作数量：32个。

🧁 产品介绍：餐包有不同的形状，
看似简单，也需要练习，才能让
餐包松软可口，奶香四溢。

材料

主面团

高筋面粉	500克
细砂糖	60克
奶粉	20克
干酵母	5克
鸡蛋	50克
蛋黄	20克
水	250克
食盐	7克
黄油	50克

表面装饰

鸡蛋液	适量
白芝麻	适量

第一步：和面

1 除食盐、黄油外，所有主面团食材倒入搅拌桶中搅拌至厚膜，加入食盐、黄油搅拌至完全扩展。

（具体可参考直接法面团搅拌流程制作。）.

第二步：初次醒发

2 取出，稍作滚圆，盖上保鲜膜室温醒发20分钟。

第三步：分割，滚圆

3 醒发后分割成30克/个，揉搓成水滴状，盖上保鲜膜继续醒发15分钟。

第四步：整形

4 取出，放置于桌面上，用擀面杖从较粗的一端将其擀开，较细的一端置于手上，慢慢往下推擀，将其擀薄。

5 较粗的一面由上往下卷，形成卷状。放入烤盘。

（卷的时候注意两边间距，以免错位。）

第五步：最终发酵

6 放入发酵箱，发酵温度34℃，相对湿度75%，发酵约60分钟，至2倍大。

第六步：烤前装饰

7 取出，在表面涂抹蛋液，撒上适量白芝麻。

第七步：烘烤

8 放入烤箱，以上火200℃、下火170℃，烘烤约11分钟至金黄色。

德式面包排

制作数量：18个。

产品介绍：面包排口感甚好，可以直接吃，也可以当作早餐或者下午茶。

材料

主面团

高筋面粉	400克
低筋面粉	100克
奶粉	20克
细砂糖	80克
鸡蛋	75克
水	240克
食盐	9克
黄油	20克
干酵母	5克

表面装饰

蛋液	适量
核桃碎	适量
珍珠糖	适量

第一步：和面

1 除食盐、黄油外的所有主面团食材倒入搅拌桶中搅拌至厚膜，加入食盐、黄油搅拌至完全扩展。

（具体可参考直接法面团搅拌流程制作。）

第二步：初次醒发

2 取出，稍作滚圆，盖上保鲜膜室温醒发20分钟。

第三步：分割，滚圆

3 醒发后分割成50克/个，滚圆，盖上保鲜膜继续醒发15分钟。

第四步：整形

4 取出面团，放置于桌面上，用擀面杖擀开，卷成圆柱形。揉搓成12厘米长。

5 再将其揉搓成两边细，中间粗的棒状。移至烤盘，并排排列12条。

（注意面团排列间距。）

第五步：最终发酵

6 放入发酵箱，发酵温度34℃，相对湿度75%，发酵约50分钟，至2倍大。

第六步：烤前装饰

7 取出，表面涂抹蛋液，撒上核桃碎、珍珠糖。

第七步：烘烤

8 放入烤箱，以上火200℃、下火185℃，烘烤约14分钟至金黄色，取出轻振排气。

芝士海苔面包

🥄 制作数量：7个。

🧁 产品介绍：芝士海苔面包的面包体松软，含水量高，底部的咸黄油经过高温的烘烤融化，使得面包底部拥有别于其他面包的酥脆口感，甜中带咸，暄软，海苔味十足。

材料

主面团

高筋面粉 250克

干酵母 2克

食盐 5克

细砂糖...............8克

黄油 10克

冰水 160克

海苔粉...............15克

内馅

含盐黄油 8克/个

表面装饰

芝士粉 ....适量

1

2

3

4-1

4-2

5-1

5-2

5-3

5-4

6

7

第一步：和面

1　除食盐、黄油外，所有主面团食材倒入搅拌桶中搅拌至厚膜，加入食盐、黄油搅拌至完全扩展。最后加入海苔粉拌匀即可。

（具体可参考直接法面团搅拌流程制作。）

第二步：初次醒发

2　取出，稍作滚圆，盖上保鲜膜室温醒发15分钟。

第三步：分割，滚圆

3　将面团分割成60克/个，揉搓成水滴状，盖上保鲜膜，于冰箱冷藏醒发20分钟。

第四步：整形

4　取出，放置于桌面上，用擀面杖在较粗的一端将其擀开，较细的一端放置于手上，慢慢往下推擀，将其擀薄。

5　粗糙面朝上，顶端放上8克的含盐黄油，由上往下卷，形成卷状。表面喷水，裹上1层芝士粉，放入烤盘。

（卷的时候注意两边的间距，以免错位，影响美观性。）

第五步：最终发酵

6　放入发酵箱，发酵温度34℃，相对湿度75%，发酵约60分钟，至2倍大。

第六步：烘烤

7　放入烤箱，蒸汽3秒，以上火210℃、下火190℃，烘烤约12分钟至金黄色。

02
PART 吐司面包

原味吐司

🥄 制作数量：3个。

🧁 产品介绍：原味吐司通常作为主食面包，在吐司上涂抹黄油或果酱食用，也可用于制作菜肴吐司，将面包切片夹上各种食材做成三明治等。食用方法虽然不同，但同样美味。

 材料

高筋面粉	400克	冰水	300克
低筋面粉	100克	鸡蛋	50克
细砂糖	40克	黄油	25克
奶粉	15克	食盐	9克
干酵母	5克		

扫码观看制作视频

第一步：和面

1　除食盐、黄油外，所有食材倒入搅拌桶中搅拌至厚膜，加入食盐、黄油搅拌至完全扩展。
　　（具体可参考直接法面团搅拌流程制作。）

第二步：初次醒发

2　取出，稍作滚圆，盖上保鲜膜室温发酵30分钟。

第三步：分割，滚圆

3　醒发后分割成250克/个，裹成圆柱形，盖上保鲜膜继续醒发30分钟。

第四步：整形

4　取出，放置于桌面上，用手掌轻拍排气，粗糙面朝上，卷成圆柱形。盖上保鲜膜继续醒发
　　20分钟。

5　取出，再次用擀面杖擀长，卷成较短的圆柱形。移至250克吐司模具中。

第五步：最终发酵

6　放入发酵箱，发酵温度32℃，相对湿度75%，发酵约55分钟，至八分满。

第六步：烘烤

7　盖上盖子放入烤箱中，以
　　上火210℃、下火210℃，
　　烘烤约15分钟。

8　取出轻振排气，倒扣于冷
　　却架上冷却。

全麦吐司

制作数量：3个。

产品介绍：全麦吐司与普通小麦面包相比，油脂含量较少，用含较多膳食纤维和矿物质的全麦粉烤制出的面包，能够符合人们的健康理念。

扫码观看制作视频

材料

全麦面种

全麦粉............357克
水 520克

主面团

高筋面粉........357克
干酵母.............6克
细砂糖.............50克
奶粉 20克
蜂蜜 20克
鸡蛋 20克
全麦面种........877克
食盐 14克
黄油 20克

表面装饰

全麦粉............. 适量

第一步：和面

1　除食盐、黄油外，所有主面团食材倒入搅拌桶中搅拌至厚膜，加入食盐、黄油搅拌至完全扩展。
（具体可参考中种面团搅拌流程制作。）

第二步：初次醒发

2　取出，稍作滚圆，盖上保鲜膜室温醒发30分钟。

第三步：分割，滚圆

3　醒发后分割成450克/个，裹成圆柱形，盖上保鲜膜继续醒发30分钟。

第四步：整形

4　取出，放置于桌面上，手掌轻拍排气，粗糙面朝上，向内卷成圆柱形。移至450克吐司模具中。

第五步：最终发酵

5　放入发酵箱中，发酵温度32℃，相对湿度75%，发酵约60分钟，至八分满。

第六步：烘烤

6　取出，筛上全麦粉，放入烤箱，不带盖，以上火160℃、下火210℃，烘烤约30分钟，至金黄色。

7　取出，倒扣于冷却架上冷却。

南瓜流沙吐司

扫码观看制作视频

🥄 制作数量：6个。

🧁 产品介绍：南瓜一直是烘焙热门食材，它的主要特点是颜色金黄，口感软绵，有着自然清香，制作出的无添加天然果蔬面包，老少皆宜。

 材料

流沙馅

咸蛋黄	125克
黄油	25克
大豆油	45克
牛奶	40克
细砂糖	21克
白酒	适量

表面装饰

南瓜子	适量
糖粉	适量

主面团

高筋面粉	750克
干酵母	6克
细砂糖	60克
奶粉	18克
淡奶油	40克
鸡蛋	100克
熟南瓜泥	300克
冰水	340克
食盐	14克
黄油	70克

 操作步骤

第一步：制作流沙馅

1　咸蛋黄表面喷适量白酒，放入烤箱烤熟，过筛备用。

2　加入黄油、大豆油、牛奶、细砂糖拌匀，装入裱花袋备用。

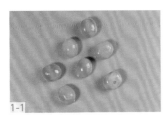  

第二步：制作面团

3 除食盐、黄油外，所有主面团食材倒入搅拌桶中搅拌至厚膜，加入食盐、黄油搅拌至完全扩展。

（具体可参考直接法面团搅拌流程制作。）

第三步：初次醒发

4 取出，稍作滚圆，盖上保鲜膜室温醒发30分钟。

第四步：分割，滚圆

5 醒发后分割成225克/个，裹成圆柱形，盖上保鲜膜继续醒发20分钟。

第五步：整形

6 取出，放置于桌面上，用擀面杖将其擀开，卷成圆柱形。移至250克吐司模具中。

第六步：最终发酵

7 放入发酵箱，发酵温度32℃，相对湿度75%，发酵约50分钟，至模具的八分满。

第七步：烘烤

8 取出，表面放上2粒南瓜子装饰，加盖烘烤，以上火190℃、下火200℃，烘烤约16分钟。

9 取出，轻振模具，倒扣取出面包，移至冷却架上冷却。

10 通过面包表面挤入适量的流沙馅，筛上1层糖粉。

胡萝卜奶油吐司

🥄 制作数量：3个。

🧁 产品介绍：胡萝卜奶油吐司色泽
金黄，香甜可口，奶香浓郁，口
感松软，香气扑鼻。胡萝卜含有
维生素C、胡萝卜素、膳食纤维
等，可促进人体肠胃蠕动。

扫码观看制作视频

材料

高筋面粉	750克
干酵母	6克
细砂糖	70克
奶粉	18克
淡奶油	40克
鸡蛋	100克
熟胡萝卜泥	300克
水	340克
食盐	10克
黄油	70克

第一步：和面

1　除食盐、黄油外，所有食材倒入搅拌桶中搅拌至厚膜，加入食盐、黄油搅拌至完全扩展。
　（具体可参考直接法面团搅拌流程制作。）

第二步：初次醒发

2　取出，稍作滚圆，盖上保鲜膜室温醒发30分钟。

第三步：分割，滚圆

3　醒发后分割成450克/个，裹成圆柱形，盖上保鲜膜继续醒发30分钟。

第四步：整形

4　取出，放置于桌面上，手掌轻拍排气，粗糙面朝上，向内卷成圆柱形。移至450克吐司
　模具中。

第五步：最终发酵

5　放入发酵箱中，发酵温度32℃，相对湿度75%，发酵约55分钟，至八分满。

第六步：烘烤

6　取出，不盖盖子，放入烤箱，以上火160℃、下火210℃，烘烤约35分钟至金黄色，取
　出倒扣至冷却架上冷却。

奶酥
提子吐司

 制作数量：1个。

🧁 产品介绍：含有香兰叶香味的面
包，奶味浓郁，不甜，吃起来口
感较软，组织细致，添加提子提
升咀嚼感。冷却后弹性更佳。

扫码观看制作视频

材料

酒渍提子
提子 50克
白朗姆酒 7克

奶酥馅
黄油 100克
糖粉 60克
鸡蛋 80克
奶粉 120克

主面团
高筋面粉 450克
低筋面粉 50克
细砂糖 50克
干酵母 5克
鸡蛋 30克
香兰叶粉 15克
食盐 6克
黄油 20克

表面装饰
鸡蛋液 ....适量
杏仁片 ....适量

第一步：准备工作

1 提前将提子用温水浸泡3小时，过滤沥干水分，加入朗姆酒冷藏6小时以上。

第二步：制作奶酥馅

2 将黄油、糖粉放入容器中搅拌均匀，加入鸡蛋继续拌匀。

3 加入奶粉拌匀备用。

第三步：和面

4 除食盐、黄油外，所有主面团食材倒入搅拌桶中搅拌至厚膜，加入食盐、黄油搅拌至完全扩展。
   （具体可参考直接法面团搅拌流程制作。）

第四步：初次醒发

5 取出，稍作滚圆，盖上保鲜膜室温醒发30分钟。

第五步：分割，滚圆

6 醒发后分割成450克/个，滚圆，再次醒发20分钟。

第六步：整形

7 取出，放置于桌面上，用擀面杖将其擀长，粗糙面朝上，涂抹1层奶酥馅，放上适量的酒渍提子。将其卷成圆柱形。

8 稍微搓长，用切割刀将圆柱形分割成3辫（顶部不切断）。

9 将其辫成3股辫。

10 粗糙面朝上，将其折叠成模具大小，折叠后移至450克吐司模具中。

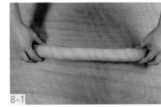

第七步：最终发酵

11 放入发酵箱中，发酵温度34℃，相对湿度78%，发酵约70分钟，至模具八分满。

第八步：烤前装饰

12 取出，表面涂抹蛋液，放适量的杏仁片装饰。

第九步：烘烤

13 放入烤箱，以上火160℃、下火200℃，烘烤约30分钟。烘烤后取出，轻振模具，倒扣出面团置于冷却架上冷却即可。

03 PART 油炸面包

冰淇淋
甜甜圈

 制作数量：15个。

产品介绍：冰淇淋和甜甜圈营造出"冰火两重天"之感，同时又借冰淇淋的甜味来缓解甜甜圈的甜腻，颜值高口味好，深受大家的喜欢。

材料

冰淇淋馅
淡奶油............200克
牛奶 50克
蛋黄 30克
细砂糖............30克
香草精............ 适量
白朗姆酒......... 适量

炸后加工
香草糖............ 适量
冰淇淋馅......... 适量
新鲜水果......... 适量

主面团
高筋面粉........400克
低筋面粉........100克
细砂糖............50克
奶粉 8克
干酵母..............5克
鸡蛋 50克
水 260克
香草精............. 适量
食盐 6克
黄油 40克

扫码观看制作视频

75

第一步：制作冰淇淋馅

1 将蛋黄、细砂糖放入容器拌匀，倒入煮沸的牛奶拌匀，倒回奶锅中小火煮至黏稠。取出冷藏备用。

2 将淡奶油打发，加入冷藏后步骤1的材料中，加入香草精、白朗姆酒拌匀，装入裱花袋冷藏备用。

第二步：和面

3 除食盐、黄油外，所有主面团食材倒入搅拌桶中搅拌至厚膜，加入食盐、黄油搅拌至完全扩展。

（具体可参考直接法面团搅拌流程制作。）

第三步：初次醒发

4 取出，稍作滚圆，盖上保鲜膜室温醒发20分钟。

第四步：分割，滚圆

5 醒发后分割成60克/个，滚圆。盖上保鲜膜醒发15分钟。

第五步：整形

6 取出，放置于桌面上，用擀面杖将其擀开，卷成30厘米长的长条状，两头稍尖。

7 双手在面团的两端，一边往上搓，一边往下搓。两头黏合，形成螺旋状。移至烤盘。

第六步：最终发酵

8 放入发酵箱，发酵温度32℃，相对湿度75%，发酵约60分钟，至1.5倍大。

第七步：油炸

9 将油锅预热至170℃，放入发酵好的面团，油炸全两面金黄。

第八步：油炸后装饰

10 取出，两面裹上香草糖冷却。

11 用锯齿刀在侧面划开但不切断。

12 在切口挤上冰淇淋馅，放上水果装饰即可。

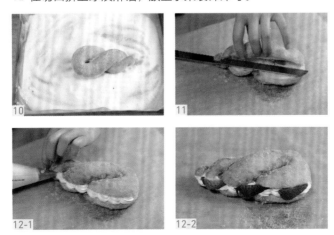

柏林人面包

🥄 制作数量：15个。

🧁 产品介绍：柏林人面包属于德国面包，外表酥硬，里面却又嚼劲十足，吃起来会觉得口感平淡无奇，回味让人越来越喜欢，外观是圆形的油炸面包，表面粘少许香草糖，面包里面会添加不同的果酱，让人很有食欲。

 材料

卡仕达草莓馅	主面团	表面装饰
牛奶..............250克	高筋面粉........400克	香草糖..............适量
细砂糖.............25克	低筋面粉........100克	
鸡蛋...............25克	细砂糖.............50克	
玉米淀粉..........20克	奶粉..................8克	
草莓果酱..........50克	干酵母...............5克	
	鸡蛋.................50克	
	水..................260克	
	香草精............适量	
	食盐..................6克	
	黄油................40克	

 操作步骤

第一步：制作卡仕达草莓馅

1 将细砂糖、鸡蛋、玉米淀粉拌匀，加入煮开的牛奶拌匀。

2 倒回奶锅中继续加热至黏稠，加入草莓果酱拌匀，放入冰箱冷藏备用。

第二步：和面

3 除食盐、黄油外，所有主面团食材倒入搅拌桶中搅拌至厚膜，加入食盐、黄油搅拌至完全扩展。

（具体可参考直接法面团搅拌流程制作。）

第三步：初次醒发

4 取出，稍作滚圆，盖上保鲜膜室温醒发20分钟。

第四步：分割，滚圆

5 醒发后分割成60克/个，滚圆，盖上保鲜膜继续醒发15分钟。

（面团分割时可使用适量的油脂或面粉来防止面团粘手。）

第五步：整形

6 取出，放置于桌面上，用手轻拍排气，再次滚圆，黏合底部。移至烤盘上，用手掌按扁。

（如果面团太圆，油炸时容易上下翻动，十分不稳定，因此要将面团压成圆饼状。）

第六步：最终发酵

7 放入发酵箱中，发酵温度32℃，相对湿度75%，发酵约40分钟，至1倍大。用竹签在面团表面扎一个小洞。

（发酵过度时，面团表面容易产生气泡，油炸时面团中的气泡部分容易膨胀破裂。）

第七步：油炸

8 油锅预热至160℃，放入面包，油炸至两面金黄。

（油炸时要反复翻转，将面包炸成较为均匀的颜色。）

第八步：油炸后装饰

9 取出，两面裹上香草糖冷却。

10 在侧面用竹签扎1个较大的洞。挤入适量的卡仕达草莓馅。

红豆炸包

 制作数量：15个。

 产品介绍：红豆炸包外形焦黄，
有颜值。馅料是满满的红豆，香
甜绵软，口感丰富，甜而不腻，
十分有满足感。

扫码观看制作视频

材料

中种面团

高筋面粉........200克
干酵母..............2克
牛奶..............270克

内馅

红豆馅.............适量

表面装饰

蛋白..............适量
白芝麻.............适量

主面团

高筋面粉........300克
细砂糖.............50克
蛋黄..............50克
水 10克
干酵母..............3克
中种面团........470克
食盐 6克
柠檬屑............0.3克
香草精.............适量
黄油..............50克

第一步：和面

1　除食盐、黄油外，所有主面团食材倒入搅拌桶中搅拌至厚膜，加入食盐、黄油搅拌至完全扩展。

（具体可参考中种面团搅拌流程制作。）

第二步：初次醒发

2　取出，稍作滚圆，盖上保鲜膜室温醒发15分钟。

第三步：分割，滚圆

3　醒发后分割成60克/个，滚圆，继续醒发15分钟。

第四步：整形

4　取出，放置于桌面上，用手轻拍排气，包入适量的红豆馅，底部黏合。用手掌按压成稍扁平的圆形，移至烤盘上。

5　表面刷上蛋白，裹上1层白芝麻。

第五步：最终发酵

6　放入发酵箱，发酵温度32℃，相对湿度75%，发酵约50分钟，至1.5倍大。用竹签在面团表面扎1个小洞。

（扎洞可以防止油炸时膨胀过快，导致面包变形，影响美观性。）

第六步：油炸

7　油锅预热至160℃，放入面团，油炸至两面金黄即可。

咖喱牛肉面包

🥄 制作数量：15个。

🧁 产品介绍：咖喱牛肉面包表面的
面包糠，烤得酥脆，包裹着浓郁
的咖喱牛肉酱，咬一口，酱汁在
嘴里面蔓延开，你会马上爱上这
种感觉，爱不释手。

扫码观看制作视频

材料

咖喱牛肉馅
洋葱粒..............50克
牛肉粒............150克
熟马铃薯粒.....350克
熟胡萝卜粒.....100克
咖喱块...........100克
黄油................20克
食盐..................5克
水 .... 适量

中种面团
高筋面粉........200克
干酵母..............2克
牛奶..............270克

主面团
高筋面粉........300克
细砂糖.............50克
蛋黄................50克
水 10克
中种面团........470克
干酵母..............3克
食盐..................6克
柠檬屑...........0.3克
香草精............. 适量
黄油................50克

表面装饰
蛋白 .... 适量
面包糠............. 适量

第一步：制作咖喱牛肉馅

1 提前将马铃薯、胡萝卜切粒，蒸熟。将洋葱、牛肉切粒，其他材料称好备用。

2 在炒锅中放入黄油、洋葱粒翻炒至炒出香味，加入牛肉粒、马铃薯粒、胡萝卜粒继续翻炒。

3 加入咖喱块，再加入适量的水、食盐焖煮至团状。取出放入容器，冷却至常温备用。
   （内部有点空心是馅料内含的水分在油炸时产生水蒸气撑起面团。）

第二步：和面

4 除食盐、黄油外，所有主面团食材倒入搅拌桶中搅拌至厚膜，加入食盐、黄油搅拌至完全扩展。
   （具体可参考中种面团搅拌流程制作。）

第三步：初次醒发

5 取出，稍作滚圆，盖上保鲜膜室温醒发20分钟。

第四步：分割，滚圆

6 醒发后分割成60克/个，滚圆，盖上保鲜膜继续醒发15分钟。

第五步：整形

7 取出，放置于桌面上，用手轻拍排气，粗糙面朝上，放上适量的咖喱牛肉馅，将其包裹成橄榄形。

8 面团表面沾蛋白，粘黏1层面包糠，移至烤盘。

8-1　　　　　　　　8-2　　　　　　　　8-3

第六步：最终发酵

9　放入发酵箱，发酵温度32℃，相对湿度75%，发酵约50分钟，至1.5倍大后取出，用竹
　　签在面团表面扎3个小孔。
　　（防止油炸时膨胀过快，导致面包变形，影响美观性。）

第七步：油炸

10　油锅预热至170℃，放入面包油炸至两面金黄。

9　　　　　　　　10-1　　　　　　　　10-2

香草甜甜圈

扫码观看制作视频

🥄 制作数量：18个。

🧁 产品介绍：香草甜甜圈是超级松软的美式甜甜圈，口感香甜松软，充分体现了奶香和蛋香味，造型圆圆可爱，是非常有特色的油炸面包种类。

材料

主面团

高筋面粉	400克	鸡蛋	50克
低筋面粉	100克	水	260克
细砂糖	50克	香草精	适量
奶粉	8克	食盐	6克
干酵母	5克	黄油	40克

表面装饰

香草糖............. 适量

操作步骤

第一步：和面

1　除食盐、黄油外，所有主面团食材倒入搅拌桶中搅拌至厚膜，加入食盐、黄油搅拌至完全扩展。

（具体可参考直接法面团搅拌流程制作。）

第二步：初次醒发

2　取出，稍作滚圆，盖上保鲜膜室温醒发20分钟。

第三步：分割，滚圆

3　醒发后分割成50克/个，滚圆，盖上保鲜膜继续醒发15分钟。

第四步：整形

4　取出，放置于桌面上，用手轻拍排气，用擀面杖将其擀开，卷成圆柱形，醒发5分钟。

5　醒发后将其搓成22厘米长。

6　黏合部分朝上，将面团约2厘米长的边缘用擀面杖擀开。

7　另一端放置在擀开的部位上，包裹黏合起来，形成甜甜圈状，移至烤盘。

第五步：最终发酵

8　放入发酵箱，发酵温度32℃，相对湿度75%，发酵约50分钟，至1.5倍大。

第六步：油炸

9　油温加热至170℃，放入面团油炸至两面金黄。

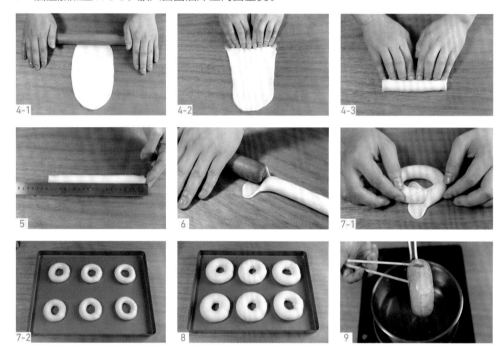

第七步：油炸后装饰

10　待冷却后两面裹上香草糖。

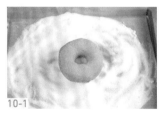

草莓巧克力甜甜圈

制作数量：18个。

产品介绍：草莓巧克力甜甜圈是一款养眼颜值高的产品，不仅外形漂亮，更有浓郁的巧克力味，材料中的草莓中和甜度，减轻了油腻感。

扫码观看制作视频

 材料

主面团

高筋面粉	400克
低筋面粉	100克
细砂糖	50克
奶粉	8克
干酵母	5克
鸡蛋	50克
水	260克
香草精	适量
食盐	6克
黄油	40克

表面装饰

白巧克力	100克
冻干草莓粒	40克

第一步：和面

1 除食盐、黄油外，所有主面团食材倒入搅拌桶中搅拌至厚膜，加入食盐、黄油搅拌至完全扩展。

（具体可参考直接法面团搅拌流程制作。）

第二步：初次醒发

2 取出，稍作滚圆，盖上保鲜膜室温醒发20分钟。

第三步：分割，滚圆

3 醒发后分割成50克/个，滚圆，盖上保鲜膜继续醒发15分钟。

第四步：整形

4 取出，放置于桌面上，用手轻拍排气，用擀面杖将其擀开，卷成圆柱形，醒发5分钟。

5 醒发后将其搓成22厘米长。

6 黏合部分朝上，将面团约2厘米长的边缘用擀面杖擀开。

7 另一端放置在擀开的部位上，包裹黏合起来，形成甜甜圈状，移至烤盘。

第五步：最终发酵

8　放入发酵箱，发酵温度32℃，相对湿度75%，发酵约50分钟，至1.5倍大。

第六步：油炸

9　油温加热至170℃，放入面团油炸至两面金黄。

第七步：油炸后装饰

10　将白巧克力加热融化，倒入冻干草莓粒，混合均匀。

11　淋在冷却好的面包上。

PART 04 比萨

波隆那多肉酱比萨

🥄 制作数量：5个。

🧁 产品介绍：来自波隆那多的番茄肉酱，酸咸的口感让人着迷。独特风味的水乳酪，经过高温后变得脆香四溢。

扫码观看制作视频

材料

液种面团
高筋面粉 150克
水 150克
干酵母............1.5克

主面团
高筋面粉 350克
水 220克
食盐 14克
液种面团 300克
橄榄油.............20克

表面装饰
波隆那多肉酱 ... 适量
水乳酪............. 适量
迷迭香............. 适量

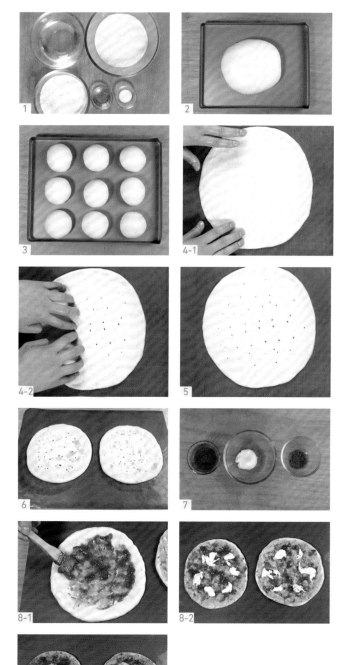

第一步：和面

1　除橄榄油外，所有主面团食材倒入搅拌桶中搅拌至厚膜，加入橄榄油至完全扩展。

（具体可参考液种面团搅拌流程制作。）

第二步：初次醒发

2　取出，稍作滚圆，盖上保鲜膜室温醒发30分钟。

第三步：分割，滚圆

3　分割成180克/个，滚圆，盖上保鲜膜继续醒发30分钟。

第四步：整形

4　取出，放置于高温布上，用手指按压成圆饼状，尺寸为10寸蛋糕模具大小。并用手指轻戳出小洞。

（不需要排气，保留原有的气体风味更佳。）

第五步：最终发酵

5　放入发酵箱，发酵温度34℃，相对湿度75%，发酵15分钟。

第六步：初次烘烤

6　取出，放入烤箱上火230℃、下火210℃，烘烤约8分钟取出。

第七步：烤后装饰

7　提前将水乳酪撕成薄片备用。

8　取出面包，稍待冷却后表面均匀涂抹波隆那多肉酱，放上水乳酪，撒适量迷迭香。

第八步：再次烘烤

9　移至烤箱，以上火230℃、下火210℃，烘烤约7分钟，烤至金黄色。

海鲜比萨

 材料

🖋 制作数量：5个。

🧁 产品介绍：海鲜比萨每一个角落都藏满了馅料，海鲜与芝士的甜香交融，喜欢吃海鲜的朋友千万不能错过。

扫码观看制作视频

液种面团

高筋面粉 150克
水 150克
干酵母............1.5克

主面团

高筋面粉 350克
水 200克
食盐 14克
液种面团 300克
橄榄油.............20克

表面装饰

波隆那多肉酱 ... 适量
乳酪丝............. 适量
蟹柳 .... 适量
鳕鱼罐头 .... 适量
玉米粒............. 适量
去壳虾仁 .... 适量
鱿鱼须............. 适量

★ 须提前制作好液种面团，并冷藏发酵8小时。

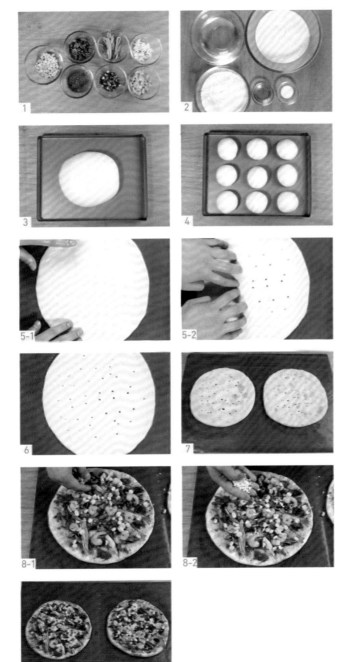

第一步：准备工作

1 提前将蟹柳撕成丝，去壳虾仁、鱿鱼须煎熟，准备好其余食材。

第二步：制作面团

2 除橄榄油外，所有土面团食材倒入搅拌桶中搅拌至厚膜，加入橄榄油搅拌至完全扩展。

（具体可参考液种面团搅拌流程制作。）

第三步：初次醒发

3 取出，稍作滚圆，盖上保鲜膜室温醒发30分钟。

第四步：分割，滚圆

4 分割成180克/个，滚圆，盖上保鲜膜继续醒发30分钟。

第五步：整形

5 取出，放置于高温布上，用手指按压成圆饼状，尺寸为10寸蛋糕模具人小。并用手指轻戳出小洞。

（不需要排气，保留原有的气体风味更佳。）

第六步：最终发酵

6 放入发酵箱，发酵温度34℃，相对湿度75%，发酵15分钟。

第七步：初次烘烤

7 取出，放入烤箱上火230℃、下火210℃，烘烤约8分钟。

第八步：烤后装饰

8 取出，待冷却后表面均匀涂抹波隆那多肉酱，依次放入蟹柳、鳕鱼罐头、去壳虾仁、鱿鱼须、玉米粒、乳酪丝。

第九步：再次烘烤

9 移至烤箱，以上火230℃、下火210℃，烘烤约9分钟，至金黄色。

马铃薯熏鸡培根比萨

🥄 制作数量：5个。

🧁 产品介绍：马铃薯熏鸡培根比萨，马铃薯软软绵绵的，培根烤炙出一点点微焦，搭配上充满蒜香味的鸡块，吃起来非常香。

扫码观看制作视频

材料

液种面团

高筋面粉	150克
水	150克
干酵母	1.5克

主面团

高筋面粉	350克
水	200克
食盐	14克
液种面团	300克
橄榄油	20克

表面装饰

熟马铃薯粒	适量
大蒜酱	适量
熏鸡肉	适量
乳酪丝	适量
黑胡椒	适量
培根	适量

★ 需提前制作好液种面团，并冷藏发酵8小时。

第一步：准备工作

1 将马铃薯切粒提前蒸熟，熏鸡肉切块，培根切段，提前煎至焦黄备用。准备好其余食材。

第二步：和面

2 除橄榄油外，所有食材倒入搅拌桶中搅拌至厚膜，加入橄榄油搅拌至完全扩展。

（具体可参考液种面团搅拌流程制作。）

第三步：初次醒发

3 取出，稍作滚圆，盖上保鲜膜室温醒发30分钟。

第四步：分割，滚圆

4 分割成180克/个，滚圆，盖上保鲜膜继续醒发30分钟。

第五步：整形

5 取出，放置于高温布上，用手指按压成圆饼状，尺寸为10寸蛋糕模具大小。并用手指轻戳出小洞。

（不需要排气，保留原有的气体风味更佳。）

第六步：最终发酵

6 放入发酵箱，发酵温度34℃，相对湿度75%，发酵15分钟。

第七步：初次烘烤

7 取出，放入烤箱上火230℃、下火210℃，烘烤约8分钟。

第八步：烤后装饰

8 取出，待冷却后表面均匀涂抹大蒜酱，依次放上乳酪丝马铃薯粒、培根、熏鸡块、乳酪丝、黑胡椒。

第九步：再次烘烤

9 移至烤箱，以上火230℃、下火210℃，烘烤约8分钟至金黄色。

05
PART

三明治

芝士意面三明治

扫码观看制作视频

材料

芝士意面三明治

原味吐司片.........1片

意面 50克

芝士片................1片

白酱 .... 适量

吐司浸泡液........ 适量

西蓝花............ 适量

牛肉粒................4粒

小番茄................2个

黄油 5克

白酱

黄油 15克

低筋面粉 15克

牛奶 250克

食盐 .... 适量

黑胡椒............. 适量

迷迭香............. 适量

吐司浸泡液

鸡蛋 50克

牛奶 100克

 操作步骤

第一步：制作吐司浸泡液

1　将吐司浸泡液食材拌匀备用。

第二步：制作白酱

2　将黄油放入锅中小火融化，加入低筋面粉搅拌成团。

3　加入牛奶、食盐、黑胡椒、迷迭香拌匀，小火边煮边搅拌至黏稠，备用。

第三步：制作三明治

4　将吐司片放入吐司浸泡液中浸泡3秒。

5　锅中放入5克黄油，放入浸泡后的吐司片煎至两面金黄色。取出备用。

6　将西蓝花、牛肉粒、小番茄放入炒锅中煎至微焦备用。意面放入沸水中煮10分钟，捞出沥干水分。准备好其余食材。

7　煮好的意面加入白酱、芝士片拌匀备用。

8　将煎好的吐司片放入盒子中，依次放入意面、牛肉粒、西蓝花、小番茄。

101

滑蛋热狗三明治

扫码观看制作视频

材料

滑蛋热狗三明治		滑蛋	
原味吐司片.........1片	沙拉酱.............适量	鸡蛋.................50克	
滑蛋.................适量	生菜...................1片	淡奶油.............20克	
培根.................1片	吐司浸泡液	牛奶.................20克	
热狗肠.............1根	（P100）...........适量	马苏里拉乳酪...10克	
番茄酱.............适量	黄油...................5克	黑胡椒.............适量	
		食盐.................适量	
		黄油.................10克	

操作步骤

第一步：制作滑蛋

1 除黄油外，将所有滑蛋食材放入容器中拌匀成蛋液。

2 锅中放入黄油，倒入调好的蛋液煎成厚蛋，备用。

第二步：制作三明治

3 将吐司片放入吐司浸泡液中浸泡3秒。

4 锅中放入5克黄油，放入浸泡后的吐司片煎至两面金黄色。取出备用。

5 将培根、热狗肠放入锅中煎至微焦，准备好其余食材。

6 将煎好的吐司片放入盒子中，依次放上生菜、滑蛋、培根、热狗肠。挤上番茄酱、沙拉酱。

滑蛋蟹柳虾仁三明治

扫码观看制作视频

 材料

原味吐司片...................... 1片
生菜.............................. 1片
去壳虾仁....................... 6个
黑胡椒粉....................... 适量
滑蛋（P103）............... 适量

蟹柳.............................. 30克
蛋黄芥末酱................... 适量
吐司浸泡液（P100）....... 适量
黄油.............................. 5克

 操作步骤

1 将吐司片放入吐司浸泡液中浸泡3秒。

2 锅中放入5克黄油，放入浸泡后的吐司片煎至两面金黄色。取出备用。

3 去壳虾仁、蟹柳煎至两面微焦，撒上黑胡椒粉，备用。准备好其余食材。

4 将煎好的吐司片放入盒子中，依次放上生菜、滑蛋、蟹柳、虾仁，挤适量蛋黄芥末酱。

蒜香鸡肉三明治

扫码观看制作视频

材料

原味吐司片...................... 1片	海苔肉松........................适量
大蒜酱..........................20克	青芥沙拉酱...................适量
鸡肉粒..........................60克	吐司浸泡夜（P100）......适量
芝士片.......................... 1片	黄油..............................5克
生菜............................. 1片	

操作步骤

1　将吐司片放入吐司浸泡液中浸泡3秒。

2　锅中放入5克黄油，放入浸泡后的吐司片煎至两面金黄色。取出备用。

3　炒锅中放入大蒜酱，放入鸡肉粒，煎至微焦，准备好其余食材。

4　将煎好的吐司片放入包装盒中，依次放入生菜、芝士片、海苔肉松、鸡肉粒，再挤上青芥沙拉酱。

全麦法棍三明治

扫码观看制作视频

🥄 制作数量：9个。

🧁 产品介绍：全麦法棍三明治丰富的馅料令人垂涎三尺，色彩鲜美的配料，清脆爽口的蔬菜加上酱，再配上美味的牛肉粒，让人只想大快朵颐。

材料

液种面团

中筋面粉 75克
水 75克
干酵母 0.5克

表面装饰

混合杂粮 .... 适量

主面团

高筋面粉 370克
低筋面粉 130克
水a 320克
黑麦粉 80克
干酵母 2克
食盐 10克
液种面团 150克
水b 100克

烤后加工

火腿片 2片
生菜 1片
熟牛肉粒 .... 适量
芝士片 1片
沙拉酱 .... 适量
番茄酱 .... 适量

操作步骤

★ 须提前制作好液种面团，并冷藏发酵8小时。

第一步：和面

1 除食盐、水b外，所有主面团食材倒入搅拌桶中搅拌至厚膜，加入食盐搅拌至薄膜，最后加入水b搅拌至完全扩展。

（具体可参考液种面团搅拌流程制作。）

第二步：初次醒发

2 取出，稍作滚圆，放入发酵盒中室温醒发60分钟。

第三步：分割，滚圆

3 桌面撒适量面粉，将醒发好的面团倒扣在桌面上，分割成120克/个，折叠滚圆。放置于室温醒发60分钟。

第四步：整形

4 取出，手掌轻拍排气，粗糙面朝上。

5 先折叠2/3，再折叠1/3，用手掌将边缘黏合。将其轻搓至中宽边细，长约15厘米长的长棍形。

第五步：发酵前装饰

6 表面喷水，裹上1层混合杂粮，移至高温布上。

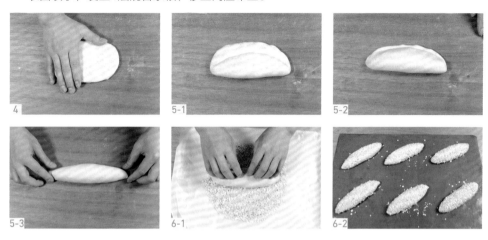

第六步：最终醒发

7 放入发酵箱，发酵温度30℃，相对湿度70%，发酵55分钟，至1.5倍大。

8 面团表面用法棍划刀划1刀。

第七步：入炉烘烤

9 放入烤箱，蒸汽3秒，以上火220℃、下火210℃，烘烤约16分钟至金黄色。取出移至冷却架上冷却。

第八步：烤后加工

10 冷却后侧面用锯齿刀切割，不要切断。

11 依次放上生菜、芝士片、火腿片、牛肉粒，挤入适量番茄酱、沙拉酱。

06
PART

低糖低脂面包

果脯恰巴塔

🥄 制作数量：10个。

🧁 产品介绍：果脯恰巴塔外皮脆
韧，内里蓬松，口感柔软湿
润，有着蓬松的大气孔，闪着
莹润的光泽，牙齿一咬，弹牙
的嚼劲里面透着充沛的麦香，
果脯的颗粒感在舌面绽放，每
咬一口都是惊艳。

扫码观看制作视频

材料

液种面团

高筋面粉 170克
低筋面粉 30克
水 200克
干酵母............0.5克

酒渍果干

提子干..............40克
蔓越莓干..........40克
橙皮丁..............20克
芒果干..............30克
乌梅干..............30克
朗姆酒............. 适量

主面团

高筋面粉 250克
低筋面粉 50克
水a 180克
干酵母................2克
液种面团........400克
食盐 10克
水b 50克

第一步：准备工作

1　将所有果干温水浸泡3小时，捞出沥干水分，加入适量的朗姆酒，密封放入冰箱冷藏6小时。

第二步：和面

2　除食盐、水b外，所有主面团食材倒入搅拌桶中搅拌至厚膜，加入食盐搅拌至薄膜，最后加入水b搅拌至完全扩展。加入酒渍果干拌匀即可。

（具体可参考液种面团搅拌流程制作。）

第三步：初次醒发

3　取出，稍作滚圆，放入发酵盒中醒发60分钟。

第四步：分割

4　发酵布上撒上面粉，将醒发好的面团倒扣在发酵布上。粗糙面撒上少许面粉防粘，将其延展成长方形。

第五步：整形

5　用刮刀将其分割成较小的长方形，重量约90克。

第六步：最终发酵

6　稍微整理形状，光滑面朝上移至发酵布上，室温发酵至1倍大，时间约60分钟。

（室温温度约28℃。）

第七步：烤前装饰

7　发酵完成后，转移至高温布上，用法棍划刀在其表面划上菱形刀口。

第八步：烘烤

8　放入烤箱中，蒸汽3秒，以上火230℃、下火210℃，烘烤约18分钟至褐色。取出移至冷却架上冷却。

孜然牛肉恰巴塔

 制作数量：5个。

产品介绍：恰巴塔在意大利，就
像法棍在法国一样，是家喻户晓
的食物。孜然牛肉恰巴塔表皮脆
脆的，内里是多孔的白面包，加
了橄榄油提香，吃起来有特别的
香味。

扫码观看制作视频

材料

液种面团

高筋面粉 170克
低筋面粉 30克
水 200克
干酵母..............0.5克

配料

酱牛肉粒 250克
孜然 10克
玉米粒............100克

主面团

高筋面粉 250克
低筋面粉 50克
水 210克
干酵母................2克
液种面团 400克
食盐 10克
橄榄油..............40克

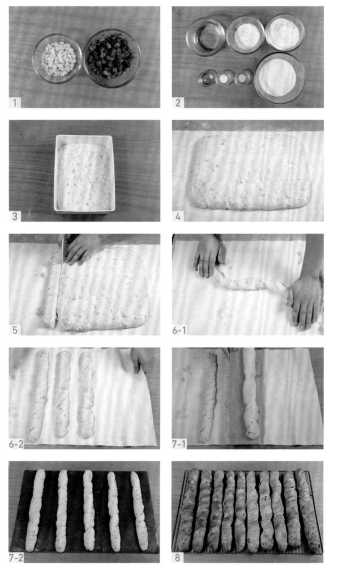

第一步：准备工作

1 橄榄油、孜然、酱牛肉粒提前用炒锅炒香，其余食材称好备用。

第二步：和面

2 除橄榄油外，所有主面团食材倒入搅拌桶中搅拌至厚膜，分次加入橄榄油搅拌至完全扩展。最后加入孜然牛肉粒、玉米粒拌匀即可。

（具体可参考液种面团搅拌流程制作。）

第三步：初次醒发

3 取出，稍作滚圆，放入发酵盒中醒发60分钟。

第四步：分割

4 发酵布上撒上面粉，将醒发好的面团倒扣在发酵布上。粗糙面撒上少许面粉防粘，将其延展成长方形。

5 用刮刀将其分割成较小的长条形，重量约90克。

第五步：整形

6 双手在面团两端，一边往上搓，一边往下搓。搓好后移至发酵布上定形。

第六步：最终发酵

7 室温发酵至1倍大，时间约60分钟。发酵完成后，转移至高温布上。

（室内温度约28℃）

第七步：烘烤

8 放入烤箱中，蒸汽3秒，以上火220℃、下火200℃，烘烤约16分钟，至金黄色。取出移至冷却架上冷却。

面具佛卡夏

扫码观看制作视频

🥄 制作数量：10个。

🧁 产品介绍：佛卡夏是一款原产自意大利的扁面包，通常用橄榄油和香草来丰富味道，有时会在面包上铺上乳酪、肉或者各种蔬菜。口感比比萨饼更有嚼劲。

材料

半熟小番茄

小番茄............250克

橄榄油.............30克

罗勒叶...............2克

海盐.................2克

中种面团

高筋面粉........170克

低筋面粉..........30克

水 200克

干酵母............0.5克

主面团

高筋面粉........250克

低筋面粉..........50克

水 220克

干酵母...............2克

中种面团........400克

食盐 7克

橄榄油.............30克

表面装饰

橄榄油.............适量

芝士粉.............适量

半熟小番茄....... 适量

操作步骤

★ 须提前制作好中种面团，并冷藏发酵6小时。

第一步：制作半熟小番茄

1 将小番茄对半切开，加入橄榄油、罗勒叶、海盐拌匀。

2 烤盘铺上油纸，放上番茄，切面朝上。放入烤箱以220℃烘烤10分钟。

第二步：和面

3 除橄榄油外，所有主面团食材倒入搅拌桶中搅拌至厚膜，分次加入橄榄油搅拌全完全扩展。
（具体可参考中种面团搅拌流程制作。）

第三步：初次醒发

4　取出，稍作滚圆，放入发酵盒中醒发60分钟。

第四步：分割，滚圆

5　醒发后分割成120克/个，折叠成圆柱形，盖上保鲜膜继续醒发30分钟。

第五步：整形

6　取出，放置于高温布上，手掌涂抹橄榄油，用手指按压成较大的椭圆形。用刮板切割出树叶纹。

第六步：最终发酵

7　放入发酵箱，发酵温度32℃，相对湿度75%，发酵约30分钟。

第七步：烤前装饰

8　取出，表面撒上芝士粉，放上适量的小番茄。

第八步：烘烤

9　放入烤箱，蒸汽3秒，以上火220℃、下火200℃，烘烤约14分钟。

鲜虾泡菜佛卡夏

材料

中种面团

高筋面粉........170克
低筋面粉..........30克
水 200克
干酵母............0.5克

主面团

高筋面粉........250克
低筋面粉..........50克
水 200克
干酵母.............2克
中种面团........400克
食盐 7克
橄榄油.............30克

表面装饰

橄榄油............. 适量
泡菜 .... 适量
去壳虾仁......... 适量
罗勒叶............. 适量
沙拉酱............. 适量
乳酪丝............. 适量

🥄 制作数量：10个。

🧁 产品介绍：鲜虾泡菜佛卡夏面包
色泽金黄，表皮香脆，配上细腻
的鲜虾，一口下去浓浓的芝士香
味四溢，内部松软，口感湿润有
弹性，加入泡菜起到调和作用，
口感更加丰富。

扫码观看制作视频

操作步骤 ＊须提前制作好中种面团，并冷藏发酵6小时。

第一步：准备工作

1　将去壳虾仁煎至两面焦黄。

第二步：和面

2　除橄榄油外，所有主面团食材倒入搅拌桶中搅拌至厚膜，分次加入橄榄油搅拌至完全扩展。
　　（具体可参考中种面团搅拌流程制作。）

第三步：初次醒发

3　取出，稍作滚圆，放入发酵盒中醒发60分钟。

第四步：分割，滚圆

4　醒发后分割成90克/个，折叠裹成圆柱形，盖上保鲜膜继续醒发30分钟。

第五步：整形

5　取出，放置于高温布上，手掌涂抹橄榄油，用手指按压成较长的圆饼状，并用手指戳洞。
　　（不需要排气，保留原始的气体，吃起来更具风味。）

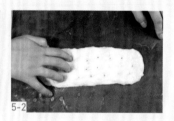

第六步：最终发酵

6　放入发酵箱，发酵温度32℃，相对湿度75%，发酵约30分钟。

第七步：烤前装饰

7 取出，表面涂抹适量橄榄油，铺上泡菜、去壳虾仁、乳酪丝，挤上沙拉酱，撒上罗勒叶。

第八步：烘烤

8 放入烤箱，以上火220℃、下火200℃，烘烤约15分钟，蒸汽3秒，烤至金黄色。

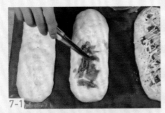

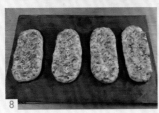

传统法棍面包

扫码观看制作视频

✎ 制作数量：6个。

🧁 产品介绍：传统法棍外观是金灿灿的，纹路规则，表皮酥脆，口感有韧性，孔洞软大，吃起来是小麦原本的味道。法棍对于法国人来说，就是主食。

材料

液种面团	主面团	
中筋面粉 75克	高筋面粉 350克	
水 75克	低筋面粉 150克	
干酵母 0.5克	水a 320克	
	干酵母 2克	
	食盐 10克	
	液种面团 150克	
	水b 100克	

操作步骤　★须提前制作好液种面团，并冷藏发酵8小时。

第一步：和面

1　除了水b，所有主面团食材倒入搅拌桶中搅拌至薄膜，加入水b搅拌至完全扩展。
（具体可参考液种面团搅拌流程制作。）

第二步：初次醒发

2　取出，稍作滚圆，放入发酵盒中，醒发50分钟。

第三步：分割，滚圆

3　醒发后将面团分割成175克/个，用折叠方法折成圆柱形，室温继续醒发60分钟。

第四步：整形

4　取出，手掌轻扣排气，粗糙面朝上。

5　先折叠2/3，再折叠1/3，用手掌将边缘黏合。

6　将其轻搓至中粗边细，长约25厘米长的长棍形。

第五步：最终发酵

7　放在发酵布中室温发酵50分钟。

（室温发酵温度约28℃。）

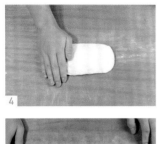

第六步：烤前装饰

8　转移至高温布上。

9　用法棍划刀在面团表面划上2~3刀。

第七步：烘烤

10　放入烤箱，蒸汽3秒，以上火230℃、下火210℃，烘烤约21分钟，至金黄色。

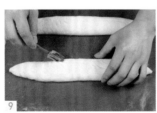

芝士熏鸡贝果

🥄 制作数量：9个。

🧁 产品介绍：玉米熏鸡贝果具有浓浓的玉米香气，口感丰富，饱腹感很强，里面是满满的熏鸡肉，肉感十足，咸甜搭配，别样风味。

扫码观看制作视频

材料

糖水
水 500克
细砂糖..............25克

中种面团
高筋面粉........100克
低筋面粉.........50克
水 100克
干酵母.............1克

表面装饰
糖水 ....适量
芝士片........0.5片/个

熏鸡馅
熏鸡粒............250克
洋葱................50克
玉米粒..............30克
黑胡椒............. 适量
食盐............... 适量
芝士片...............4片
乳酪丝..............50克
黄油................10克

主面团
高筋面粉........270克
低筋面粉.........75克
黑麦粉..............50克
细砂糖..............25克
黑胡椒............0.5克
中种面团........250克
食盐................10克
干酵母..............4克
水 210克

第一步：制作糖水

1　将所有糖水食材放入容器中搅拌至糖溶化，备用。

第二步：制作熏鸡馅

2　黄油、洋葱放入炒锅中炒香，加入玉米粒、熏鸡粒、食盐拌匀，加入芝士片、乳酪丝、黑胡椒拌匀，备用。

第三步：和面

3　除食盐外，所有主面团食材倒入搅拌桶中搅拌至厚膜，加入食盐搅拌至完全扩展。
　　（具体可参考中种面团搅拌流程制作。）

第四步：初次醒发

4　取出，稍作滚圆，盖上保鲜膜室温醒发30分钟。

第五步：分割，滚圆

5　醒发后分割成100克/个，滚圆，盖上保鲜膜继续醒发20分钟。

第六步：整形

6　取出，放置于桌面上，用擀面杖擀开，顶端放上适量的熏鸡馅，卷成圆柱形。盖上保鲜膜再次醒发5分钟。

7　取出，搓长至22厘米长，黏合部位朝上，用擀面杖在面团的一端约2厘米的宽度擀开，另一端放置于擀开处，包裹形成甜甜圈状。移至烤盘。

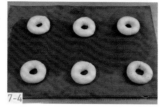

第七步：最终发酵

8   放入发酵箱，发酵温度32℃，相对湿度75%，发酵约45分钟，至1倍大。

第八步：烤前装饰

9   将糖水煮沸腾，放入发酵好的面团，正反面各煮30秒，捞出置于高温布上，稍微晾干。

10   表面放上三角形芝士片。

第九步：烘烤

11   放入烤箱，蒸汽3秒，以上火220℃、下火170℃，烘烤约16分钟，至金黄色。取出移至
     冷却架上冷却。

黑麦贝果

扫码观看制作视频

🥄 制作数量：9个。

🧁 产品介绍：黑麦贝果内部组织细密，有嚼劲，外皮淡黄中透着微棕色彩，能量低，口感
　　　　　　柔韧筋道，还带有微微咸味，越嚼越香，深受追求健康的朋友们的喜欢。

材料

糖水		主面团	
水 500克		高筋面粉 270克	
细砂糖.............25克		低筋面粉 75克	
		黑麦粉.............50克	
中种面团		细砂糖.............25克	
高筋面粉 100克		中种面团 250克	
低筋面粉 50克		干酵母...............3克	
水 100克		水 210克	
干酵母...............1克		食盐 10克	

操作步骤

★ 须提前制作好中种面团，并冷藏发酵6小时。

第一步：制作糖水

1　将所有糖水食材倒入容器中搅拌至糖溶化，备用。

第二步：和面

2　除食盐外，所有主面团食材倒入搅拌桶中搅拌至厚膜，加入食盐搅拌至完全扩展。
　　（具体可参考中种面团搅拌流程制作。）

第三步：初次醒发

3　取出，稍作滚圆，盖上保鲜膜室温醒发15分钟。

第四步：分割，滚圆

4　醒发后分割成100克/个，滚圆，盖上保鲜膜继续醒发15分钟。

第五步：整形

5　取出，放置于桌面上，用擀面杖擀开，卷成圆柱形。盖上保鲜膜再次醒发5分钟。

6　取出搓长至22厘米长，黏合部位朝上，用擀面杖在面团的一端约2厘米的宽度擀开，另一端放置于擀开处，包裹形成甜甜圈状。移至烤盘。

第六步：最终发酵

7　放入发酵箱中，发酵温度32℃，相对湿度75%，发酵约45分钟，至1倍大。

第七步：烤前装饰

8　将糖水煮至沸腾，放入发酵好的面团，正反面各煮30秒，捞出放置于高温布上，稍微晾干。

第八步：烘烤

9　放入烤箱，蒸汽3秒，以上火220℃、下火170℃，烘烤约16分钟，烘烤至金黄色。取出移至冷却架上冷却。

全麦贝果

材料

- 制作数量：9个。
- 产品介绍：贝果又称圆形面包，制作方法基本沿用传统工艺，贝果属于美式面包，以扎实又富有嚼劲的口感，搭配各种料理制作成不同口感。

扫码观看制作视频

糖水

水 500克
细砂糖 25克

中种面团

高筋面粉 100克
低筋面粉 50克
水 100克
干酵母.............1克

主面团

高筋面粉 270克
低筋面粉 75克
全麦粉 50克
细砂糖 25克
中种面团 250克
食盐 11克
干酵母 4克
水 210克

表面装饰

糖水 ....适量
燕麦片 ....适量

操作步骤 ★ 须提前制作好中种面团，并冷藏发酵6小时。

第一步：制作糖水

1 将所有糖水食材倒入容器中搅拌至糖溶化，备用。

第二步：和面

2 除食盐外，所有主面团食材倒入搅拌桶中搅拌至厚膜，加入食盐搅拌至完全扩展。

（具体可参考中种面团搅拌流程制作。）

第三步：初次醒发

3 取出，稍作滚圆，盖上保鲜膜室温醒发30分钟。

第四步：分割，滚圆

4 醒发后分割成100克/个，滚圆，盖上保鲜膜继续醒发20分钟。

第五步：整形

5 取出，放置于桌面上，用擀面杖擀开，卷成圆柱形。盖上保鲜膜再次醒发5分钟。

6 取出，搓长至22厘米长，黏合部位朝上，用擀面杖在面团的一端约2厘米的宽度擀开，另一端放置于擀开处，包裹形成甜甜圈状。移至烤盘。

第六步：最终发酵

7 放入发酵箱中，发酵温度32℃，相对湿度75%，发酵约45分钟，至1倍大。

第七步：烤前装饰

8 将糖水煮沸腾，放入发酵好的面团，正反面各煮30秒。

9 捞出，表面粘满燕麦片，移至高温布上。

第八步：烘烤

10 放入烤箱，蒸汽3秒，以上火220℃、下火170℃，烘烤约14分钟，至金黄色。移至冷却架上冷却。

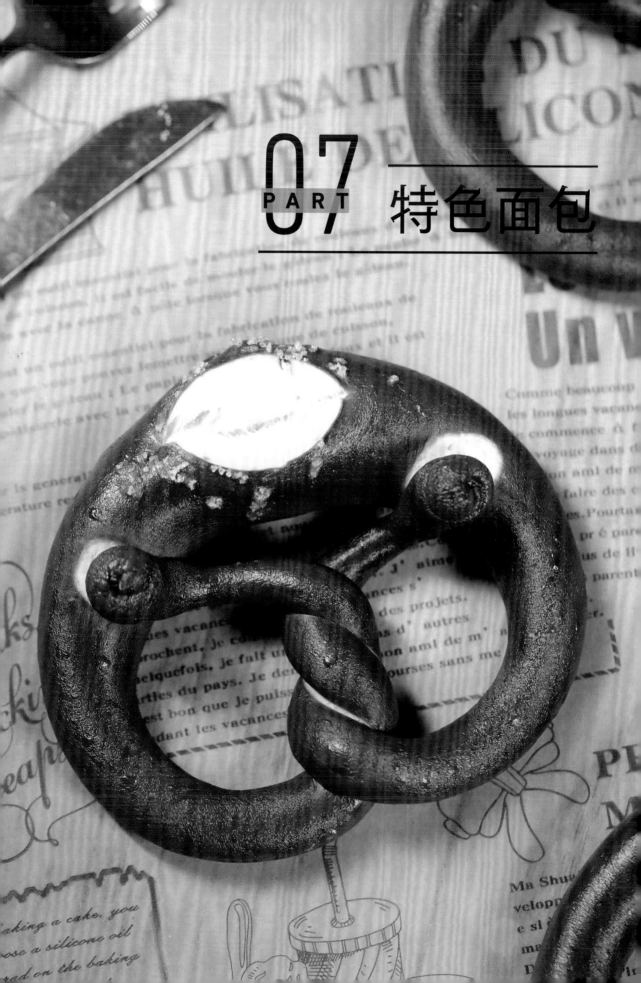

07

PART

特色面包

咕咕霍夫

 材料

- 制作数量：2个。
- 产品介绍：咕咕霍夫外形犹如一顶雍容典雅的皇冠，口感如同蛋糕，有着浓郁的香味，丰腴松软的口感，饱含果干、坚果与黄油，让满足感油然而生。

主面团

高筋面粉	500克
细砂糖	100克
奶粉	25克
柠檬屑	0.5克
干酵母	7克
蛋黄	100克
水	230克
食盐	8克
黄油	175克
葡萄干	200克
橙皮丁	30克
利口酒	15克

表面装饰

巴旦木	适量
防潮糖粉	适量

第一步：准备工作

1 将葡萄干、橙皮丁提前用温水浸泡3小时，过筛沥干水分，加入利口酒冷藏浸泡6小时以上。

2 咕咕霍夫模具内涂抹黄油，底部放上巴旦木备用。

第二步：和面

3 除食盐、黄油和果干外，所有主面团食材倒入搅拌桶中搅拌至厚膜，加入食盐、黄油搅拌至完全扩展。最后加入果干拌匀即可。

（具体可参考直接法面团搅拌流程制作。）

第三步：初次醒发

4 取出，稍作滚圆，盖上保鲜膜室温醒发50分钟。

第四步：分割，滚圆

5 醒发后分割成350克/个，滚圆，盖上保鲜膜继续醒发30分钟。

第五步：整形

6 取出，放置于桌面上，手掌轻拍排气，面团中间部分用手指戳个孔眼，双手慢慢将孔眼撑大至可以放入咕咕霍夫模具中。整形后移至模具中。

第六步：最终发酵

7 放入发酵箱中，发酵温度32℃，相对湿度75%，发酵约50分钟，至模具的七分满。

第七步：烘烤

8 取出，表面喷水，放入烤箱，以上火180℃、下火210℃，烘烤约21分钟。

9 取出，倒扣至冷却架上冷却，最后筛1层防潮糖粉即可。

碱水扭花面包

扫码观看制作视频

🥄 制作数量：9个。

🧁 产品介绍：碱水面包烤制的时候不会膨胀，在高温下表皮变化出深褐偏红的迷人色彩。
面包质地比较硬，吃起来有嚼劲，有股带着碱味的面包香。

材料

碱水		主面团		表面装饰	
水	500克	高筋面粉	260克	碱水	适量
烘焙碱	15克	低筋面粉	240克	海盐	适量
		细砂糖	25克		
		干酵母	3克		
		淡奶油	62克		
		水	212克		
		食盐	10克		

操作步骤

第一步：制作碱水

1　将所有碱水食材倒入容器中拌匀，加热至碱溶化，备用。

第二步：和面

2　除食盐外，所有主面团食材倒入搅拌桶中搅拌至厚膜，加入食盐搅拌至完全扩展。
　（具体可参考直接法面团搅拌流程制作。）

第三步：初次醒发

3　取出，稍作滚圆，盖上保鲜膜室温醒发5分钟。

第四步：分割，滚圆

4 醒发后分割成90克/个，滚圆，盖上保鲜膜冷藏醒发15分钟。

第五步：整形

5 取出，放置于桌面上，用擀面杖擀开，卷成圆柱形。盖上保鲜膜冷藏醒发15分钟。

6 取出，用手揉搓至中间粗，两边细，长度约55厘米的长条。

7 两边提起，将面团扭成普雷结，移至烤盘上。放入冰箱冷冻1小时。

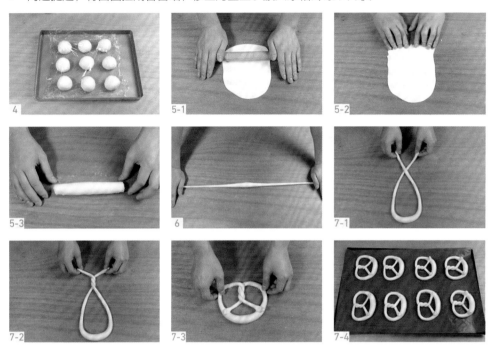

第六步：烤前装饰

8 冷冻后将面团放入碱水中，正反面各浸泡20秒。
    （使用时请佩戴手套，请勿直接接触，触碰到须立即用清水清洗。）

9 取出，放置于高温布上，稍晾干。顶部用刀划1个口，撒上海盐。

第七步：烘烤

10 放入烤箱，以上火210℃、下火180℃，烘烤约20分钟，至深红色。取出，移至冷却架
    上冷却。

PART 08 蛋糕

费南雪

扫码观看制作视频

🥄 制作数量：8个。

🧁 产品介绍：费南雪蛋糕是一款甜点，主要材料是无盐奶油和杏仁粉，口感湿润有弹性，有着浓厚的杏仁和奶油味，外表像金条小甜点，表面呈焦糖色，十分美味。

材料

黄油 130克	玉米糖浆 5克	杏仁粉 59克
蛋白 130克	低筋面粉 59克	细砂糖 136克

操作步骤

第一步：制作蛋糕

1　费南雪模具提前涂抹黄油。

2　将黄油放入奶锅中煮至冒小泡的沸腾状态，褐色伴有轻微的焦味。倒入容器中冷却至常温。

（此时的黄油有轻微的焦味，口味更为独特。）

3　加入细砂糖、低筋面粉、杏仁粉拌匀。

4　加入玉米糖浆、蛋白拌匀。

5　挤入费南雪模具中。

第二步：烘烤

6　放入烤箱，以上火160℃、下火160℃，烘烤约20分钟，取出脱模冷却。

玛德琳蛋糕

🥄 制作数量：16个。

🧁 产品介绍：刚烤好的玛德琳表面的贝壳花纹泛着金黄细腻的光泽，微微鼓起的"小肚子"，格外俏皮可爱。轻轻掰开，阵阵奶香扑鼻而来，内部组织细腻松软，入口瞬间便被外壳的焦香酥脆迷倒，橙皮丁香浓诱人，丝毫不觉得甜腻。

扫码观看制作视频

材料

杏仁粉a	50克
鸡蛋	125克
蛋黄	20克
香草精	3克
细砂糖	54克
转化糖	25克
海盐	1克
蜂蜜	37克
榛子粉	25克
杏仁粉b	25克
低筋面粉	68克
泡打粉	3克
黄油	150克
橙皮丁	50克

第一步：制作蛋糕

1　将杏仁粉a、鸡蛋、蛋黄、香草精、细砂糖、转化糖、海盐、蜂蜜放入容器中拌匀。

2　加入榛子粉、杏仁粉b、低筋面粉、泡打粉拌匀。

3　将黄油融化，边搅拌边缓慢加入黄油拌匀。

（黄油温度冷却至35℃，高温会让泡打粉提前蓬发。）

4　加入橙皮丁拌匀，装入裱花袋。

（冰箱冷藏6小时后再取出烘烤，香味更佳。）

5　挤往玛德琳不粘模具中。

第二步：烘烤

6　放入烤箱，以上火180℃、下火170℃，烘烤约16分钟。烘烤后脱模冷却。

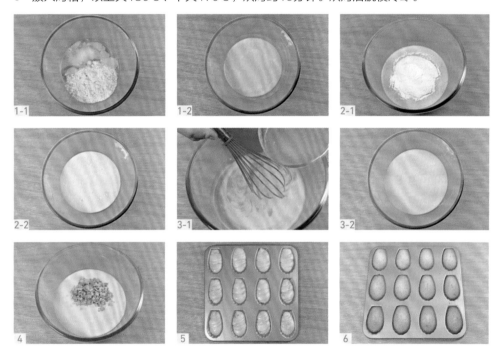

熔岩巧克力蛋糕

🥄 制作数量：5个。

🧁 产品介绍：切开蛋糕，内馅会像熔岩一样流出来！松软的外层，口感香甜，既有巧克力的醇香又有蛋糕的绵软鲜香，美味可口，非常诱人。

扫码观看制作视频

材料

蛋糕面糊

黄油...............40克

纯脂黑巧克力...60克

鸡蛋..............100克

细砂糖.............20克

低筋面粉..........30克

可可粉..............5克

朗姆酒.............2克

表面装饰

糖粉................适量

操作步骤

第一步：准备工作
1　提前在模具的内部铺上油纸防粘。

第二步：制作蛋糕
2　将黄油、黑巧克力倒入容器中，微波炉加热至融化，拌匀降温至50℃备用。
　　（温度过高容易使鸡蛋凝固结块。）
3　鸡蛋、细砂糖倒入容器中拌匀。
4　倒入步骤2中的液体，继续搅拌均匀。
5　拌匀后加入过筛后的低筋面粉、可可粉、朗姆酒搅拌至无干粉状。
6　挤入模具中，约六分满即可。
　　（烘烤时蛋糕会快速膨胀，需预留空间，六分满即可。）

第三步：烘烤
7　挤好后放入冰箱冷冻10分钟，取出，放入烤箱，以上火230℃、下火220℃，烘烤8分钟。
　　（烘烤前放入冰箱冷冻可以使蛋糕内部保持低温，这样烘烤出来的流动效果更加明显。）

第四步：烤后装饰
8　取出后脱模，筛上1层糖粉。
9　掰开后内部呈半流动状。
　　（这款蛋糕只有在热的时候才会有半流动效果。冷后放入微波炉大火加热30秒，即可恢复半流动
　　效果。）

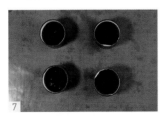

香橙瑞士卷

扫码观看制作视频

🥄 制作数量：10个。

🧁 产品介绍：瑞士卷属于海绵蛋糕的一种，加上不同的果酱和奶油，卷成卷状。淡淡的果酱味道结合了奶香味，口感柔软细腻，软绵绵的，入口融化。

材料

鲜奶油夹心	面糊	蛋白
淡奶油...........130克	橙子汁.............90克	蛋白...............225克
炼乳.................10克	细砂糖...............5克	细砂糖...........140克
	大豆油...........100克	柠檬汁...............4克
	低筋面粉........112克	
	蛋黄.............112克	
	鸡蛋.................25克	

操作步骤

第一步：准备工作

1 将烤盘表面喷少许水，铺上油纸备用。

第二步：制作鲜奶油

2 将所有鲜奶油材料混合打发，放入冰箱冷藏备用。

第三步：制作面糊部分

3 将橙子汁、细砂糖、大豆油放入容器中搅拌均匀。

4 加入过筛后的低筋面粉搅拌至无干粉状。

5 加入蛋黄、鸡蛋搅拌至均匀，备用。

（搅拌的时候注意容器底部位置，避免有面糊团未搅拌均匀而影响口感。）

149

第四步：制作蛋白部分

6 将制作蛋白所用材料倒入搅拌桶中。

（注意搅拌桶内无油脂、无水、无杂质。否则会影响蛋白泡沫的形成，导致起泡失败。）

7 中速搅拌至中性发泡。

第五步：混合

8 将蛋白部分取出1/3与面糊部分用刮刀翻拌均匀。

9 拌匀后加入剩下的蛋白用翻拌手法继续拌匀即可。

10 将其倒入铺有油纸的烤盘上，用刮刀将其表面刮平整，并轻振排气。

（轻振可以填充蛋糕里面的缝隙，并排出消泡形成的大气泡，这样烘烤出来的蛋糕组织气孔均匀。）

第六步：烘烤

11 放入烤箱，以上火180℃、下火170℃，烘烤约25分钟。取出后轻振，倒扣至铺有油纸的冷却架上冷却备用。

第七步：烤后加工

12 冷却后将蛋糕移至新的油纸上，将打发好的鲜奶油平铺在蛋糕表面。

13 将其卷成圆柱形放入冰箱冷藏10分钟定形。

14 取出切割即可。

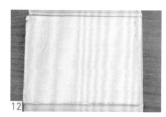

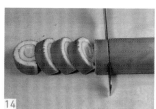

巧克力海绵蛋糕

🥄 制作数量：1个。

🧁 产品介绍：模仿戚风蛋糕的做法制作海绵蛋糕，使得海绵蛋糕也很蓬松香甜。

扫码观看制作视频

 材料

蛋糕面糊

黄油	35克
牛奶	50克
低筋面粉	75克
可可粉	5克
蛋黄	37克
蛋白	90克
细砂糖	90克

第一步：制作蛋糕

1 将黄油、牛奶倒入容器中加热至融化。

2 加入过筛后的低筋面粉、可可粉搅拌至无干粉状。

3 加入蛋黄，搅拌至浓稠状备用。

4 将蛋白、细砂糖倒入搅拌桶中，中速搅拌。

5 将蛋白搅拌至中性发泡。

6 把打发好的蛋白分2次倒入可可面糊中翻拌均匀。

   （翻拌时手法轻柔，尽量不要过多破坏蛋白气泡。）

7 混合均匀后倒入模具中，抹平表面。

第二步：烘烤

8 放入烤箱，以上火175℃、下火140℃，烘烤35分钟。取出后轻振模具，倒扣至冷却架上。

9 冷却后取出即可。

古早蛋糕

🥄 制作数量：1个。

🧁 产品介绍：古早蛋糕属于一种承载记忆的传统蛋糕。采用的是烫面法和水浴法，所以蛋糕质地更绵密，口感细腻柔软，入口像棉花一般轻柔。

 材料

面糊

大豆油	180克
牛奶	160克
低筋面粉	240克
玉米淀粉	24克
蛋黄	225克

蛋白

蛋白	500克
食盐	5克
细砂糖	190克
柠檬汁	20克

扫码观看制作视频

第一步：准备工作

1　在蛋糕模具内部铺上油纸。

第二步：制作面糊部分

2　将大豆油、牛奶倒入奶锅中加热至60℃。

3　倒入低筋面粉、玉米淀粉拌匀。

4　加入蛋黄拌匀。

第三步：制作蛋白部分

5　将蛋白、食盐、柠檬汁倒入搅拌桶中，倒入1/3细砂糖，中速搅拌。

6　剩余细砂糖分2次加入，全程中速搅拌至湿性发泡。

（分次加入细砂糖可以使搅拌出来的蛋白更加细腻。）

第四步：混合部分

7　将蛋白部分取出1/3与蛋黄部分用刮刀翻拌均匀。

8　拌匀后加入剩下的蛋白，用翻拌手法继续拌匀即可。

（翻拌时手法轻柔，尽量不要过多破坏蛋白气泡。）

9　将其倒入铺有油纸的蛋糕模具上。用刮刀将其表面刮平整，并轻振排气。

（轻振可以排出蛋糕内部多余的空气和消泡所积累的大气泡。）

第五步：烘烤

10　烤盘上铺上1张湿毛巾，将蛋糕放在湿毛巾上。放入烤箱，以上火140℃、下火130℃，烘烤约90分钟。

（垫湿毛巾的作用是降低下火温度，增加烤箱相对湿度，使蛋糕保持湿润。）

11　烘烤完轻振，取出脱模，移动至冷却架上冷却。

黑森林
酒心蛋糕卷

🥄 制作数量：6个。

🧁 产品介绍：黑森林蛋糕表面撒上黑色的巧克力碎末，如山坡下的黑色森林，黑白相间的纹理又如树枝缝隙中透着阳光，因此得名黑森林。口感浓郁细腻的奶油，散发出朗姆酒的醇香，口感层次更丰富。

扫码观看制作视频

材料

装饰奶油
淡奶油............100克
细砂糖..............8克

蜜桃奶油
奶油奶酪..........45克
淡奶油............150克
细砂糖..............8克
蜜桃酒.............3克

糖渍车厘子
新鲜车厘子.....100克
细砂糖.............23克
朗姆酒..............9克
柠檬汁..............2克

面糊
牛奶 50克
大豆油............50克
可可粉..............8克
低筋面粉 50克
蛋黄 45克

蛋白
蛋白.............120克
细砂糖.............50克
柠檬汁..............4克

烤后加工
装饰奶油 ....适量
糖渍车厘子.......适量
黑巧克力碎.......适量
车厘子............适量
糖粉 ....适量

操作步骤

第一步：准备工作

1　在烤盘表面喷水，铺上油纸备用。

第二步：制作装饰奶油

2　将淡奶油和细砂糖倒入容器中打发，冷藏备用。

第三步：制作蜜桃奶油

3　将奶油奶酪加热软化，搅拌至顺滑状态。

4　将淡奶油、细砂糖倒入容器中打发。

5　步骤3的奶油奶酪中加入蜜桃酒拌匀，拌匀后一起倒入打发的奶油中，拌匀备用。

第四步：制作糖渍车厘子

6　将所有糖渍车厘子食材倒入奶锅中小火加热至沸腾。倒入容器中，盖上保鲜膜，冷藏1小时备用。

第五步：制作面糊部分

7　将牛奶、大豆油、可可粉倒入奶锅中拌匀，加热至微微沸腾。倒入容器中冷却降温至60℃。

　　（降温至60℃是为了让低筋面粉在适当的温度进行糊化。）

8　加入过筛后的低筋面粉，拌匀。

9　加入蛋黄拌匀备用。

156

第六步：制作蛋白部分

10 将制作蛋白部分所用食材倒入搅拌桶，注意搅拌桶中无油脂、无水、无杂物。

11 搅拌至中性发泡。

第七步：混合

12 将蛋白部分取出1/3与面糊部分用刮刀翻拌均匀。

13 拌匀后加入剩下的蛋白，用翻拌手法继续拌匀即可。

14 将其倒入铺有油纸的烤盘中。用刮刀将其表面刮平整，并轻振排气。

（抹平后烘烤出来的蛋糕表面比较平整光滑。）

第八步：烘烤

15 放入烤箱，以上火180℃、下火160℃，烘烤约18分钟。烘烤后轻振，倒扣至铺有油纸的冷却架上冷却备用。

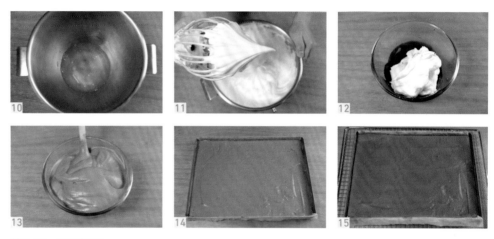

第九步：烤后加工

16 冷却后将蛋糕移至新的油纸上，将打发好的装饰奶油平铺在蛋糕表面。

17 分散放上糖渍车厘子。

18 将其卷成圆柱形，放入冰箱冷藏10分钟定形。

19 取出，将装饰奶油涂抹在蛋糕卷表面。

20 用硬围边纸（或稍硬的白纸）将其表面刮平整。

21 均匀撒上黑巧克力碎装饰。放上车厘子，筛1层糖粉。

红丝绒旋风卷

🥄 制作数量：8个。

🧁 产品介绍：风靡一时的红丝绒旋风蛋糕卷，口感软绵，奶油夹心爽滑，味道清甜；其中红色部分添加了红丝绒精，颜色非常漂亮，是一款高颜值蛋糕卷。

扫码观看制作视频

材料

酸奶奶油

奶油奶酪 100克

细砂糖.............10克

淡奶油.............20克

柠檬汁............. 适量

面糊

水 52克

大豆油.............50克

细砂糖...............7克

低筋面粉 85克

蛋黄 100克

蛋白

蛋白 200克

细砂糖...........100克

柠檬汁...............3克

红丝绒面糊

混合面糊 200克

红丝绒精 5克

操作步骤

第一步：准备工作
1 将油纸铺在烤盘上。

第二步：制作酸奶奶油
2 将奶油奶酪、细砂糖放入容器中加热软化，取出搅拌至顺滑。
3 加入淡奶油、柠檬汁拌匀，即可冷藏备用。

第三步：制作面糊部分
4 水、大豆油、细砂糖放入容器中稍微拌匀。
5 加入过筛后的低筋面粉搅拌至无干粉状。
6 加入蛋黄拌匀备用。

第四步：制作蛋白部分
7 将制作蛋白部分所用食材倒入搅拌桶中。
8 中速搅拌至中性发泡。

第五步：混合
9 将蛋白部分取出1/3与面糊部分用刮刀翻拌均匀。
10 拌匀后加入剩下的蛋白，用翻拌手法继续拌匀。
（翻拌时手法轻柔，尽量不要过多破坏蛋白气泡。）
11 取200克混合面糊加入5克红丝绒精拌匀成红丝绒面糊，装入裱花袋。

12 将白色混合面糊倒入烤盘，刮板刮平。表面均匀挤卜调好的红丝绒面糊，再次用刮板将其刮平。

13 用手指倾斜45°在面糊中先竖向来回划动，再横向来回划动，使其内部形成纹路。然后用刮板抹平表面。

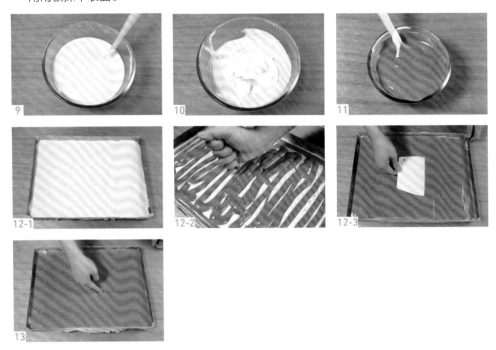

第六步：烘烤

14 轻振排气，放入烤箱，以上火175℃、下火140℃，烘烤约20分钟。取出倒扣至冷却架上冷却。

（轻振可以将热气排出，停止膨胀。）

第七步：烤后加工

15 冷却后在其表面均匀涂抹酸奶奶油。

16 将其卷成圆柱形，放入冰箱冷藏10分钟。取出切割即可。

虎皮蛋糕卷

🥄 制作数量：10片。

🧁 产品介绍：焦黄的表皮无比诱
人，表层的虎皮蛋香浓郁，口
感弹牙，中间的蛋糕体绵软香
甜，奶油入口即化。

扫码观看制作视频

材料

鲜奶油
淡奶油............120克
细砂糖................8克

面糊
牛奶.................45克
大豆油.............40克
低筋面粉..........55克
玉米淀粉.............6克
蛋黄.................65克
香草精............. 适量

蛋白
蛋白.............130克
食盐...................1克
细砂糖.............48克
柠檬汁......... ....3克

虎皮
蛋黄..............200克
细砂糖.............75克
玉米淀粉.........25克
大豆油.............30克

第一步：准备工作

1 准备2个铺有油纸的烤盘。

第二步：制作鲜奶油

2 将所有鲜奶油食材倒入容器中打发，冷藏备用。

第三步：制作面糊部分

3 将牛奶、大豆油、低筋面粉、玉米淀粉倒入容器中拌匀。

4 加入蛋黄、香草精继续拌匀备用。

第四步：制作蛋白部分

5 将制作蛋白部分所用食材倒入搅拌桶中。

6 中速搅拌至中性发泡。

第五步：混合

7 将蛋白部分取出1/3与面糊部分用刮刀翻拌均匀。

8 拌匀后加入剩下的蛋白，用翻拌手法继续拌匀即可。

9 将其倒入铺有油纸的烤盘上。用刮刀将其表面刮平整，并轻振排气。

第六步：烘烤

10 放入烤箱，以上火180℃、下火160℃，烘烤约23分钟。取出移至冷却架上，冷却备用。

第七步：制作虎皮部分

11 将蛋黄、细砂糖倒入容器中打至发白浓稠，体积膨胀至原来2倍大。滴落时，纹路清晰，约10秒内不会消失融合即可。

（可以用竹签来测试搅拌程度，可以立起来说明搅拌充分。）

12 加入玉米淀粉拌匀。边搅拌边缓慢加入大豆油拌匀。

（倒入时需缓慢沿着容器边缘倒入，油脂较重容易沉底。）

13 倒入铺有油纸的烤盘上用刮刀刮平整。

14 放入烤箱，以上火230℃、下火100℃，烘烤约7分钟，至表面出现虎纹。取出冷却备用。

（提前预热好烤箱是烤好虎皮蛋糕的关键之一。）

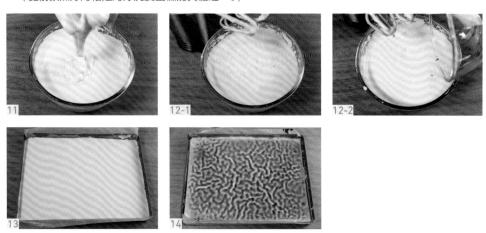

第八步：烤后装饰

15 将蛋糕移至新油纸上，表面涂抹鲜奶油。

16 将其卷成圆柱形，放入冰箱，冷藏定形10分钟。

17 将虎皮倒扣在新油纸上，涂抹鲜奶油。

18 把定形好的蛋糕卷放置于虎皮中间。

19 让虎皮将蛋糕卷完全包裹，冷藏定形5分钟。取出切割。

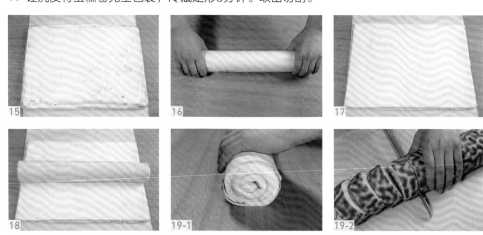

轻乳酪蛋糕

🥄 制作数量：1个。

🧁 产品介绍：轻乳酪蛋糕是一道味道浓郁的甜品，口感湿润软绵，入口即化，味道香醇，冷藏后口感更佳。

 材料

面糊

奶油奶酪 80克
黄油 48克
蛋黄 40克
低筋面粉 28克

玉米淀粉 2克
牛奶 80克

蛋白

蛋白 112克
细砂糖 60克
柠檬汁 4克

表面装饰

蜂蜜 ....适量

 操作步骤

第一步：准备工作

1 将模具涂抹2次黄油备用。

2 裁剪出模具底部大小的油纸，将油纸垫在模具底部。

第二步：制作面糊部分

3 将奶油奶酪放入容器中加热至完全软化，搅拌至顺滑。
   （隔水软化或者微波炉中火加热一分钟。）

4 加入黄油拌匀，再加入蛋黄搅拌均匀。

5 加入低筋面粉搅拌均匀。

6 加入牛奶后搅拌均匀。

7 拌匀后过筛，加入玉米淀粉拌匀。

8 面糊放入温水浸泡，温度保持在约45℃。

   （面糊内含有黄油、奶油奶酪等，为避免与蛋白混合时结块凝固，所以面糊温度保持在45℃~50℃。）

第三步：制作蛋白部分

9 将制作蛋白部分所用材料中速打至中性发泡。

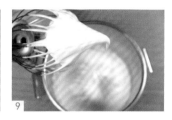

第四步：混合

10 将打发好的蛋白取1/3与面糊用刮刀翻拌拌均匀。

11 再倒入剩下的蛋白翻拌均匀。

12 倒入备好的模具中，轻振排气。放入烤盘中。

13 放入烤箱中，倒入1升的冰水在烤盘中，水浴法烘烤。以上火150℃、下火140℃烘烤约
    70分钟。取出脱模冷却。

   （冰水可以让蛋糕底部前期保持低温不膨胀，让其表皮先定形。可防止烘烤出来的蛋糕表皮开裂。）

14 冷却后涂抹蜂蜜。

牛奶戚风蛋糕

🥄 制作数量：1个。

🧁 产品介绍：牛奶戚风蛋糕是蛋糕的基本类型，其组织膨松，水分含量高，味道清淡不腻，口感滋润嫩爽。

材料

面糊

牛奶	45克
大豆油	40克
低筋面粉	50克
玉米淀粉	6克
蛋黄	60克

蛋白

蛋白	125克
食盐	1克
海藻糖	15克
细砂糖	32克
柠檬汁	3克

第一步：制作面糊部分

1 将牛奶、大豆油混匀，加入低筋面粉、玉米淀粉搅拌至无干粉状。

2 加入蛋黄拌匀备用。

第二步：制作蛋白部分

3 将制作蛋白部分所用食材倒入搅拌桶中。

（注意搅拌桶内无油脂、无水、无杂物，避免影响蛋白起泡。）

4 搅拌至干性发泡即可。

（蛋白干性发泡适合一些体积较大，高度较高的蛋糕。干性发泡具有较好的支撑力。）

第三步：混合

5 将蛋白部分取出1/3与蛋黄部分用刮刀翻拌均匀。

6 拌匀后加入剩下的蛋白，用翻拌手法继续拌匀即可。

7 将其倒入蛋糕模具中。

第四步：烘烤

8 轻振排气。放入烤箱，以上火170℃、下火160℃，烘烤约30分钟。

9 取出，倒扣至冷却架上冷却后，脱模。

PART 09 饼干

布列塔尼酥饼

🥄 制作数量：9个。

🧁 产品介绍：布列塔尼酥饼，是一款法国传统小点心，以大量发酵黄油制成，还带有咸味。制作起来非常简单，具有酥脆的口感和黄油的清香，是一款很不错的下午茶点心。

扫码观看制作视频

材料

饼干体

黄油...............110克	低筋面粉........110克
糖粉................60克	杏仁粉.............20克
海盐.................1克	朗姆酒.............10克
蛋黄................28克	

表面装饰

鸡蛋液..............适量
坚果................适量

第一步：制作饼干体

1　将黄油、糖粉、海盐倒入容器中，用
　　电动打蛋器搅拌至发白。
　　（黄油需提前室温软化，糖粉需过筛1遍，
　　避免搅拌不匀。）

2　倒入蛋黄搅拌均匀。

3　加入低筋面粉、杏仁粉，用刮刀拌匀。

4　倒入朗姆酒，用刮刀拌匀。

第二步：冷冻

5　将拌匀的饼干团放在油纸上，表面再
　　盖1张油纸，用擀面杖擀至0.6厘米
　　厚，放入冰箱冷冻30分钟。

6　用略小于塔皮模具的圆形模具按压出
　　圆形饼干。

7　把按压好的饼干放在耐高温硅胶垫上
　　排列整齐。

8　表面刷2次蛋液。

9　用叉子划出纹路。

10　表面放1粒坚果。

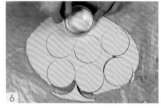

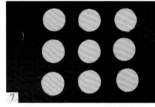
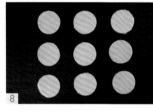

第三步：烘烤

11　套上圆形塔皮模具即可放入烤箱，以上火190℃、下火170℃，烘烤约18分钟。

蔓越莓曲奇

制作数量：30个。

产品介绍：曲奇可解释为细小而扁平的蛋糕式饼干。加入蔓越莓干，酸酸甜甜的曲奇口感紧实细腻、香酥黏软，让人回味无穷！非常适宜作为零食、下午茶点心食用。

材料

黄油..............120克	中筋面粉........168克
糖粉..............76克	奶粉..............12克
食盐..............1克	蔓越莓干
蛋白..............12克	（朗姆酒泡软）...60克

扫码观看制作视频

第一步：制作蔓越莓曲奇

1　提前3小时将蔓越莓干泡软，加入适量朗姆酒冷藏8小时，取出切碎备用。

2　将黄油、糖粉、食盐用电动搅拌器搅拌至微发，加入蛋白、奶粉搅拌均匀。

（黄油需提前取出，于室温软化。）

3　加入过筛后的中筋面粉，用刮刀拌匀。

4　最后加入切碎的蔓越莓干拌匀。

5　表面包裹一张油纸，放入模具中冷冻定形。

（没有∪形模具可自行用手搓成长方体，再用油纸包裹，冷冻定形。）

6　取出，切成0.5厘米厚的薄片。

第二步：烘烤

7　整齐排列在垫有高温布的烤盘上，以上火170℃、下火140℃，烘烤约21分钟，至金黄色。

美式曲奇

扫码观看制作视频

🥄 制作数量：25个。

🧁 产品介绍：美式曲奇特别粗犷和朴素，口感酥脆，黄油焦香浓郁，馅料丰富。

材料

黄油...................... 190克	咖啡粉.................... 3克	低筋面粉................ 88克
赤砂糖 120克	蛋黄...................... 30克	香草精.................... 适量
细砂糖....................50克	小苏打.................... 5克	黑巧克力 160克
海盐........................2克	高筋面粉 128克	

操作步骤

第一步：制作美式曲奇

1 将黄油放入奶锅中，中火加热至褐色后倒入容器中。

（此时的黄油有轻微的焦味，口味更为独特。）

2 倒入赤砂糖、细砂糖、海盐、咖啡粉，拌匀后放入冰箱冷藏凝固。

（黄油凝固后搅拌是为了尽量保留空气，这样烘烤出的饼干更加酥脆。）

3 凝固后取出，用打蛋器将其搅拌至微微发白。倒入蛋黄拌匀。

4 加入小苏打、高筋面粉、低筋面粉后继续拌匀，最后加入香草精、黑巧克力拌匀即可。

5 将其分割成30克/个，放置于垫有高温布的烤盘上。用手掌轻轻按扁。

第二步：烘烤

6 放入烤箱中，以上火170℃、下火145℃，烘烤约18分钟。

杏仁瓦片

扫码观看制作视频

🥄 制作数量：10个。

🧁 产品介绍：杏仁瓦片又称为薄脆杏仁瓦片，是一款著名的法式甜点，因外形像瓦片而得名。口感酥脆，吞甜不腻，杏仁味道十足，深受大家喜爱。

材料

糖粉..................48克	蛋白..................48克	杏仁片..................57克
大豆油..................24克	低筋面粉..................22克	

操作步骤

第一步：制作杏仁瓦片

1 将糖粉、大豆油、蛋白倒入容器中。

2 搅拌均匀。

3 加入低筋面粉再次拌匀。

4 加入杏仁片拌匀。

第二步：烘烤

5 将其平铺在垫有高温布的烤盘上。放入烤箱，以上火170℃、下火140℃，烘烤约15分钟，至金黄色。

6 取出，冷却后掰成碎块即可。

椰子奶曲奇

 制作数量：56个。

🧁 产品介绍：椰子奶曲奇属于饼干的一种，以低筋面粉等为原料，以糖粉、黄油等为调料。散发浓浓的奶香味和椰香味，口感与风味并存。

扫码观看制作视频

材料

黄油	200克
细砂糖	65克
食盐	1克
椰奶	150克
椰蓉	30克
低筋面粉	325克
装饰用细砂糖	适量

操作
步骤

第一步：制作椰子奶曲奇

1　将黄油、细砂糖、食盐放入容器中，用电动打蛋器搅拌至微微发白。

2　分3次加入椰奶拌匀。

　　（倒入剩下的液体前需将上一次加入的液体拌匀后再加入。）

3　加入椰蓉拌匀。

4　加入过筛后的低筋面粉，搅拌成团。

5　成团后放在油纸上，放入冰箱冷藏20分钟。

6　取出面团，整形成直径约7厘米的圆柱形。

　　（整形时中间容易空心，冷藏取出后先按揉回软。）

7　在其表面粘黏1层细砂糖后放入冰箱冷冻20分钟。

8　取出，切割成0.8厘米厚的薄片。

　　（用于切割饼干的刀具需较锋利。）

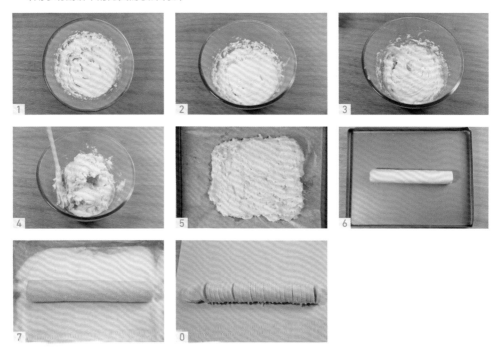

第二步：烘烤

9　排列在烤盘上，放入烤箱上火170℃、下火140℃，烘烤约22分钟，至金黄色即可。

奶油曲奇

扫码观看制作视频

制作数量：24个。

产品介绍：曲奇饼干属于西式奶油点心，色泽鲜亮，麦味和奶香浓郁，酥松可口，有着黄油的醇厚。制作简单，营养丰富。

材料		
黄油......................150克	食盐..................1克	低筋面粉...............180克
糖粉......................40克	淡奶油..................75克	玉米淀粉.................33克

操作步骤

第一步：制作奶油曲奇

1　将黄油、糖粉、食盐放入容器中，用打蛋器充分搅拌至发白。

（充分搅拌是为了让油脂内填充大量的空气，这样做出来的饼干更加酥脆。）

2　倒入淡奶油继续搅拌均匀。

3　加入过筛后的低筋面粉、玉米淀粉。

4　用刮刀拌匀即可。

（加入粉类后切勿过度搅拌，避免油脂分离。）

5　装入装有8齿裱花嘴的裱花袋中。

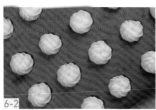

第二步：烘烤

6　在垫有高温布的烤盘上挤出花形，即可放入烤箱，以上火165℃、下火130℃，烘烤约25分钟。

葡萄薄脆饼

🥄 制作数量：18个。

🧁 产品介绍：葡萄薄脆饼是一款热门的小甜点，它属于曲奇饼干。外观金黄色，口感非常酥松并且奶香味十足。配上葡萄干，是一款充满惊喜的饼干。

扫码观看制作视频

材料

糖粉	125克
黄油	125克
食盐	1克
鸡蛋	100克
低筋面粉	150克
葡萄干（用朗姆酒泡软）	80克

第一步：准备工作

1　将葡萄干用温水浸泡3小时，沥干，加入适量朗姆酒拌匀，冷藏8小时备用。

第二步：制作葡萄薄脆饼

2　将糖粉、黄油、食盐加入容器中搅拌均匀。

3　加入鸡蛋拌匀。

4　加入过筛后的低筋面粉拌匀。

5　取出冷藏好的葡萄干拌匀。

6　将拌匀的面糊放在油纸上，表面盖1张油纸，用擀面杖擀薄至0.3厘米厚。

7　放入冰箱冷冻15分钟定形，取出，用图案模具按压出薄片，放入烤盘。

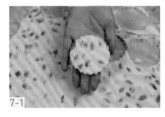
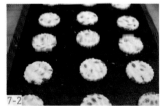

第三步：烘烤

8　放入烤箱，以上火180℃、下火160℃，烘烤约16分钟。

花生酱杏仁
夹心饼干

🥄 制作数量：16个。

🧁 产品介绍：爱吃花生的不要错过
这款饼干！加入巧克力夹心，吃
起来特别香。

扫码观看制作视频

材料

夹心酱

黑巧克力 80克
花生酱 40克

饼干体

黄油 145克
赤砂糖 57克
花生酱 60克
牛奶 10克
鸡蛋 30克
杏仁粉 30克
低筋面粉 190克
装饰用花生碎 ... 适量

第一步：制作夹心酱

1 将夹心酱所有材料加热至融化，装入裱花袋中放入冰箱，冷藏备用。

第二步：制作饼干体

2 将黄油、赤砂糖倒入容器中搅拌至微发。

3 加入花生酱、牛奶、鸡蛋搅拌均匀。

4 加入杏仁粉、低筋面粉拌匀即可装入裱花袋中。
  （切勿过度搅拌，避免油脂分离。）

5 将面糊挤在垫有高温布的烤盘上，成等长的条状。

6 表面均匀喷上水，撒上花生碎即可烘烤。

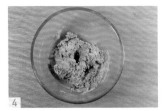

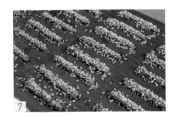

第三步：烘烤

7 放入烤箱，以上火180℃、下火150℃，烘烤约18分钟后冷却备用。

第四步：烤后加工

8 取出冷却好的饼干，底部挤上适量的夹心酱，再盖上1块饼干即可。

巧克力沙布列

扫码观看制作视频

🥄 制作数量：12个。

🧁 产品介绍：沙布列是一种传统法式酥饼。入口即化的酥松口感，带着浓郁的巧克力味，加上酥脆的焦糖坚果，一点都不油腻。

 材料

巧克力甘纳许		焦糖坚果		饼干体	
淡奶油	112克	麦芽糖	20克	黄油	180克
土米糖浆	60克	细砂糖	60克	糖粉	140克
黑巧克力	112克	水	20克	鸡蛋	70克
黄油	60克	可可粉	6克	中筋面粉	340克
		坚果碎	80克	杏仁粉	50克
		黄油	50克	可可粉	20克

 操作步骤

第一步：制作巧克力甘纳许

1　将淡奶油、黑巧克力放入容器中加热至巧克力融化。

2　加入黄油、玉米糖浆拌匀，备用。

第二步：制作可可沙布列

3　将黄油、糖粉放入容器中拌匀。

4　加入鸡蛋继续搅拌均匀。

5　加入中筋面粉、杏仁粉、可可粉搅拌至成团。

6　成团后放在高温布或油纸上，用擀面棍擀至0.3厘米厚，放入冰箱冷冻20分钟。

第三步：制作焦糖坚果

7 将麦芽糖、细砂糖、水倒入奶锅中煮至沸腾。

8 倒入可可粉继续煮至105℃。

9 加入坚果碎拌匀。

10 加入黄油拌匀备用。

第四步：组合烘烤

11 取出冷冻好的可可沙布列，用模具按压出形状。

12 一半保留圆形，另一半用略小的模具按压成中空的圆圈。

13 中空的饼干中间放入适量的焦糖坚果。

14 保留圆形的饼干表面用牙签戳洞。

15 放入烤箱，以上火175℃、下火150℃，烘烤19分钟，至完全烤熟。

第五步：烤后加工

16 在烤好的圆形的饼干上挤上适量的巧克力甘纳许。

17 放上有焦糖坚果的饼干，稍微黏合即可。

奶酥奶黄饼

🥄 制作数量：10个。

🧁 产品介绍：奶酥奶黄饼酥松绵软，
吃进嘴里咸咸沙沙的口感，搭配上
曲奇酥皮，入口即化。

扫码观看制作视频

材料

奶酥皮

黄油.................125克
糖粉..................40克
炼乳..................10克
蛋黄..................25克
低筋面粉........210克

表面装饰

蛋黄液............适量

奶黄馅

咸蛋黄.............60克
奶油奶酪.........64克
细砂糖.............34克
食盐....................1克
淡奶油.............33克
玉米糖浆.........20克
鸡蛋..................80克
澄粉..................49克
低筋面粉...........5克
白酒................适量

操作步骤

第一步：制作奶酥皮

1 将黄油与糖粉在容器中搅拌均匀。

2 加入炼乳，分2次加入蛋黄，搅拌至完全融合。

（分次加入液体可以使其快速融合。）

3 最后加入低筋面粉搅拌成团，冷藏松弛20分钟。

第二步：制作奶黄馅

4 将喷有白酒的咸蛋黄放入烤箱，上、下火180℃烘烤10分钟，至完全熟透，过筛备用。

5 将奶油奶酪、细砂糖、食盐放入容器中，微波炉中火加热1分钟至完全软化后拌匀。

6 加入淡奶油、玉米糖浆、鸡蛋拌匀。

7 加入过筛后的澄粉、低筋面粉拌匀。

8 倒入奶锅中小火翻炒至成黏稠。

9 加入过筛后的咸蛋黄，翻炒成团备用。

（尽量将奶黄馅中水分炒干，避免烘烤时水蒸气将表皮撑破。）

第三步：组合

10 将奶酥皮分割成18克/个，奶黄馅分割成30克/个，滚圆备用。

11 将奶酥皮揉软按压成掌心大小，放上奶黄馅，将其包裹成球形。

12 放置于烤盘上，用手掌轻轻按扁。

13 表面刷2次蛋黄液。

（刷完1次蛋黄液后静置3分钟后再次刷蛋黄液，颜色更均匀。）

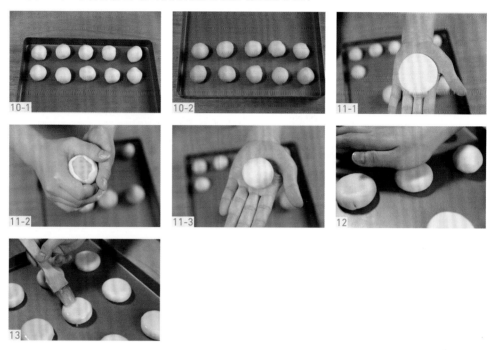

第四步：烘烤

14 用叉子在其表面划上划痕，即可放入烤箱，以上火210℃、下火175℃，烘烤约14分钟。

焦糖咖啡佛罗伦萨酥饼

扫码观看制作视频

🥄 制作数量：12个。

🧁 产品介绍：佛罗伦萨酥饼起源于意大利的一场婚礼，烤好后呈现非常漂亮的蕾丝状，又称蕾丝饼干。口感像酥脆的焦糖杏仁搭配着曲奇一样酥酥的饼干，奶香浓郁。

材料

饼干体

淡奶油.......... 15克	黄油 100克
咖啡粉.......... 5克	糖粉 40克
黑巧克力 40克	低筋面粉 150克

焦糖咖啡坚果酱

咖啡粉.......... 5克	水 33克
淡奶油.......... 90克	黄油 30克
玉米糖浆 33克	坚果碎 120克
细砂糖.......... 80克	

操作步骤

第一步：制作饼干体

1 将咖啡粉、淡奶油、黑巧克力倒入容器中加热，使其完全融合。

2 将黄油、糖粉放入容器中，用电动打蛋器搅拌至微微发白。

3 加入步骤1材料搅拌均匀。

4 加入过筛后的低筋面粉，用刮刀搅拌成团。

5 放在高温布（油纸）上，用擀面杖将其擀成长20厘米、宽15厘米的长方形。

6 放入烤盘中，放入烤箱，以上火190℃、下火160℃，进行约18分钟的第一次烘烤。取出冷却备用。

7　将咖啡粉、淡奶油加入容器中加热至融化，搅拌均匀。

8　将玉米糖浆、细砂糖、水倒入奶锅中煮至焦糖色。

9　将步骤7的液体倒入奶锅中拌匀。

10　加入黄油拌匀。

11　加入坚果碎拌匀即可。

第三步：组合烘烤

12　将坚果酱平铺在饼干上方，放入烤箱，以上火190℃、下火160℃，进行约23分钟的第
二次烘烤。

13　烘烤后即可切块。

肉松蛋黄酥脆饼干

 制作数量：40个。

🧁 产品介绍：肉松蛋黄酥脆饼干采用传统起酥工艺。口感层层酥脆，既有咸蛋黄的咸香，又有黄油的奶香，层次丰富，酥到掉渣，一口难忘。

扫码观看制作视频

材料

油酥
肉松	25克
咸蛋黄	60克
猪油	50克
食盐	3克
低筋面粉	90克

水皮
低筋面粉	200克
奶粉	20克
水	110克
细砂糖	25克
黄油	35克

表面装饰
细砂糖	适量
杏仁片	适量

 操作步骤

第一步：制作油酥

1 咸蛋黄放入烤箱烤熟至出油，过筛。

2 将猪油、食盐、低筋面粉放入容器中拌匀，再倒入肉松、过筛后的咸蛋黄拌匀。

3 拌匀的面团放在高温布或油纸上，用擀面杖擀成长方形，即可放入冰箱冷藏。

第二步：制作水皮

4 将制作水皮的所有材料倒入搅拌机中搅拌成团。

5 取出，滚圆，盖上保鲜膜松弛15分钟。

6 放在案板上擀至比面酥大1倍。

7 取出冷藏好的面酥置于面团中间，将其完全包裹。

8 用擀面杖将其擀长。

9 将擀好的面团折叠成3层。盖上保鲜膜冷藏松弛20分钟。

（步骤8、9重复2遍）

10 最后擀成0.8cm厚，表面涂抹蛋白，撒上适量的细砂糖和杏仁片。

11 将其切割成宽1厘米、长10厘米的长方形，排列在烤盘上。

第三步：烘烤

12 放入烤箱，以上火180℃、下火160℃，烘烤约16分钟，至金黄色。

10 PART
西式点心

法式马卡龙

 制作数量：16个。

 产品介绍：马卡龙是法式小圆饼，是一种用蛋白、杏仁粉、细砂糖和糖霜制作，中间夹有果酱或者奶油的法式甜点，外形色彩缤纷，口感丰富，外脆内柔，精致小巧。

材料

开心果卡仕达馅

细砂糖.............30克
鸡蛋...............30克
低筋面粉..........23克
牛奶.............150克
开心果酱..........10克

杏仁面糊

糖粉...............90克
杏仁粉............90克
食用色粉.........适量

蛋白

细砂糖.............70克
蛋白...............75克

烤后加工

开心果卡仕达馅.....适量
冻干草莓粒...........适量
树莓酱.................适量

操作步骤

第一步：制作卡仕达馅

1 将细砂糖、鸡蛋拌匀，加入低筋面粉拌匀。

2 牛奶倒入奶锅中煮沸。倒入步骤1材料中拌匀。

3 倒回奶锅中小火煮至黏稠，冷却。

4 冷却后加入开心果酱拌匀，冷藏备用。

第二步：制作杏仁面糊

5 除了色粉，将面糊所有食材混匀过筛2遍，加入色粉备用。
　（过筛可以让较粗颗粒的杏仁粉分离开来，更好地与糖粉融合。）

第三步：制作蛋白部分

6 将蛋白倒入容器中，倒入1/3细砂糖，剩下的细砂糖分2次加入。

  （分次加入细砂糖可以让搅拌出来的蛋白更细腻。）

7 搅拌至中性发泡。

第四步：混合

8 将杏仁面糊倒入蛋白部分中，用翻拌手法拌匀。装入带有裱花嘴的裱花袋中。

  （翻拌手法须较轻柔，顺着一个方向翻拌，可以尽量避免蛋白消泡。）

9 均匀挤在硅胶垫上，轻振使其稍微摊开。

10 用风扇吹至表面不粘手为止。

第五步：烘烤

11 放入烤箱，以上火155℃、下火150℃，烘烤约13分钟。

第六步：烤后加工

12 待冷却后，将一半饼干翻面，底部挤上开心果卡仕达馅，中间挤入树莓酱，再盖上1片马卡龙，侧面粘黏适量的冻干草莓粒。

意式马卡龙

🥄 制作数量：16个。

🧁 产品介绍：马卡龙，意为少女的"酥胸"，又称玛卡龙。一口下去外表脆脆的，内里软软的，当整个外壳被咬碎后又有点像牛轧糖黏韧的感觉，这是意式马卡龙独特的口感。

材料

卡仕达馅

细砂糖	30克
鸡蛋	30克
低筋面粉	23克
牛奶	150克
香草精	10克

杏仁面糊

杏仁粉	125克
糖粉	125克
蛋白	41克
食用色粉	适量

蛋白

蛋白	43克
细砂糖	125克
水	30克

烤后加工

开心果碎	适量
开心果卡仕达馅	适量
芒果果酱	适量

第一步：制作卡仕达馅

1 将细砂糖、鸡蛋拌匀，加入低筋面粉拌匀。

2 牛奶倒入奶锅中煮沸。倒入步骤1的材料中拌匀。

3 倒回奶锅中，加入香草精，小火煮至黏稠。

4 待冷却后冷藏备用。

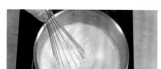

第二步：制作杏仁面糊

5 杏仁粉、糖粉用筛网过筛2遍。
（过筛可以让较粗颗粒的杏仁粉分离开来，更好地与糖粉融合。）

6 加入蛋白搅拌成团。

7 加入食用色粉拌匀。

第三步：制作蛋白

8 将细砂糖、水倒入奶锅中煮至118℃。

9 步骤8糖水温度达到110℃时，将蛋白用电动打蛋器快速打发至干性发泡。

10 将煮好的糖浆沿着容器边缘缓慢倒入打发的蛋白中，边搅拌边倒入。
（高温的糖浆可以使蛋白烫熟定形。）

11 拌匀后中速搅拌降温至50℃。

第四步：混合

12 取1/3蛋白放入杏仁面糊中翻拌搅匀。

　　（翻拌手法须较轻柔，顺着一个方向翻拌，可以尽量避免蛋白消泡。）

13 倒入剩下的蛋白部分拌匀。拌匀后装入带有裱花嘴的裱花袋中。

14 均匀挤在硅胶垫上。轻振使其稍微摊平。

　　（挤的时候由上往下挤至，尽量让大小一致。）

15 用风扇吹至表面不粘手，定形。

　　（风干后的马卡龙表面形成壳，这样烘烤时底部边缘蛋白外溢，从而形成裙边。）

第五步：烘烤

16 放入烤箱，以上火155℃、下火150℃，烘烤约14分钟。

第六步：烤后加工

17 待冷却后，将一半饼干翻面，底部挤上开心果卡仕达馅，中间挤上芒果果酱，再盖上1片
　　马卡龙，侧面粘黏适量开心果碎。

　　（密封存放8小时后食用，口感更佳。）

酥皮泡芙

🥄 制作数量：9个。

🧁 产品介绍：金黄的颜色看上去就是酥脆无比的美味，酥酥的外壳，浓浓的奶香味，里面还有奶油夹心，又酥脆又香滑，在唇齿之间回味无穷。

扫码观看制作视频

材料

卡仕达奶油馅
细砂糖..............30克
鸡蛋..............25克
玉米淀粉..........20克
牛奶..............250克
淡奶油..........150克
椰子酒..............3克

泡芙皮
黄油..............60克
中筋面粉..........60克
细砂糖..............20克

泡芙壳
水 48克
牛奶..............53克
黄油..............48克
细砂糖..............2克
食盐..............3克
中筋面粉..........55克
鸡蛋..............100克

操作
步骤

第一步：制作卡仕达奶油馅

1 将细砂糖、鸡蛋、玉米淀粉放入容器中搅拌均匀备用。

2 将牛奶倒入奶锅中加热至沸腾。

3 把煮沸的牛奶缓慢加入步骤1材料搅拌均匀。

4 倒回奶锅中小火煮至黏稠状态。

5 将煮好的卡仕达酱倒入容器中，盖上保鲜膜冷藏降温备用。

6 将淡奶油打发。

7 向淡奶油中加入冷却好的卡仕达酱与椰子酒搅拌均匀，装入裱花袋中备用。

第二步：制作泡芙皮

8 把泡芙皮所有的材料放入容器中。

9 用手按压均匀，成团状。

10 将其放在高温布或油纸上，表面再盖1张高温布或油纸，用擀面杖将其擀成0.2厘米厚，
   放入冰箱冷冻。

第三步：制作泡芙壳

11 把水、牛奶、黄油、细砂糖、食盐倒入奶锅中。

12 加热至完全沸腾。

13 加入过筛后的中筋面粉快速搅拌成团。翻炒至底部有1层焦化的面糊。

（翻炒的目的是将面糊中的水分尽量炒干，让其有能力吸收大量的鸡蛋。）

14 倒入搅拌机中，中速搅拌降温至50℃。

（鸡蛋在60℃以上就开始凝固结块，所以面糊温度需控制在50℃左右。）

15 分3到4次加入鸡蛋。

（分次加入鸡蛋会使面糊融合更加充分。）

16 最后搅拌至缓慢流动的状态，即可装入带有圆形裱花嘴的裱花袋中。

17 均匀挤在垫有高温布的烤盘上，每个约35克。

第四步：组合

18 取出冷冻好的泡芙皮，用圆形模具按照挤好的面糊大小按压出泡芙皮。

19 将其轻放在面糊表面即可放入烤箱，以上火190℃、下火190℃，烘烤约25分钟。

第五步：烘烤

20 烘烤后取出，冷却备用。

第六步：烤后装饰

21 从泡芙底部挤入卡仕达奶油馅即可。

苹果酥

🥄 制作数量：9个。

🧁 产品介绍：苹果酥是法国传统点心，又称苹果派、苹果酥包等。口感酥脆，里面是流心的苹果果肉，看起来很饱满，造型花纹独特，深受大家喜爱。

扫码观看制作视频

材料

炒苹果
黄油 10克
苹果粒 130克
红糖 5克
柠檬汁 2克

油酥
中筋面粉 100克
黄油 210克

表面装饰
鸡蛋液 .... 适量

焦糖烧苹果
炒苹果 130克
黄油 10克
红糖 5克

油皮
中筋面粉 250克
食盐 10克
融化的黄油 80克
白醋 2克
水 105克

第一步：制作炒苹果

1 将所有炒苹果食材放入奶锅中，翻炒至金黄色，取出。

第二步：制作焦糖烧苹果

2 将黄油、红糖放入奶锅炒至金黄色。

3 将步骤2焦糖倒入炒苹果中。

4 将苹果倒入料理机中搅拌成泥状，备用。

第三步：制作油酥

5 所有油酥食材混合均匀。

6 放置于高温布或油纸上用擀面杖擀成较长的长方形，放入冰箱冷藏备用。

第四步：制作油皮

7 将所有油皮食材倒入搅拌桶中，慢速搅拌成表面略微光滑的团状，取出滚圆，盖上保鲜膜松弛10分钟。

8 松弛后擀成油酥大小的1/2。

9 放入冰箱冷藏。

第五步：组合

10 取出油酥，放置于桌面上，将油皮放置于油酥中间。

（做法采用油包皮法，前期可以套用高温布来擀制。）

11 将油酥完全包裹油皮，包裹后将其擀开。

（擀制时尽量保持低温，软了可以放入冰箱冷藏。）

12 折叠成3层，放入冰箱冷藏10分钟。重复此步骤3次。

13 取出擀成0.5厘米厚，用圆形模具印压。

14 将其放置于硅胶垫上，表面边缘部分刷上装饰蛋液。

15 中心挤上适量的苹果泥。

16 对半折叠，并沿着边缘梢按压。

17 涂刷2次蛋液。

第六步：烘烤

18 用刀片划出花纹，放入烤箱，以上火190℃、下火180℃，烘烤约19分钟。

拿破仑蛋糕

扫码观看制作视频

✎ 制作数量：6个。

🧁 产品介绍：拿破仑蛋糕又称千层酥。金棕色，层次紧密分明的酥皮带着微咸不甜的极品
黄油香，蛋奶馅柔滑不腻，香草味芬芳四溢。

材料

糖水
细砂糖...........100克
水 50克

面酥
黄油..............230克
低筋面粉.........68克

面皮
高筋面粉 128克
低筋面粉 128克
黄油 30克
食盐 9克
水 130克

烤后加工
糖粉 .... 适量
香草奶缇 .... 适量
坚果 .... 适量

香草奶缇
吉利丁................5克
细砂糖..............23克
蛋黄 24克
低筋面粉 3克
玉米淀粉 9克
牛奶 150克
黄油 5克
香草精............. 适量
淡奶油...........240克

操作步骤

第一步：制作糖水

1　把所有糖水材料加热至糖完全溶化，冷却后装入喷壶中备用。
（糖水可以让酥饼表皮光亮，更加酥脆。）

第二步：制作香草奶缇

2　将吉利丁片放入冰水中泡软备用。

3　将细砂糖、蛋黄倒入容器中拌匀。

4　加入低筋面粉、玉米淀粉拌匀。

5　将牛奶、黄油、香草精倒入奶锅中加热至沸腾。

6　一边搅拌，一边将煮好的牛奶缓慢加入调好的面糊中。

7 倒回奶锅中继续小火加热至黏稠状。

8 加入软化好的古利丁拌匀。盖上保鲜膜冷却备用。

9 将淡奶油打发，加入冷却好的面糊中，搅拌均匀即可装入裱花袋冷藏备用。

（面糊完全冷却后才可以加入打发的淡奶油。）

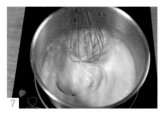

第三步：制作面酥

10 将黄油、低筋面粉倒入容器中混合搅拌均匀。

11 放在高温布或油纸上，用擀面杖擀成长方形即可放入冰箱冷藏。

第四步：制作面皮

12 除黄油外，将面皮所有材料倒入搅拌机中搅拌成团。

13 成团后加入黄油，慢速搅拌至厚膜。

14 取出滚圆，盖上保鲜膜松弛15分钟。

15 移至案板上，擀至比面酥大1倍。

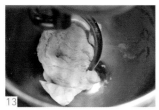

第五步：组合

16 取出冷藏好的面酥置于面团中间，将其完全包裹。

17 用擀面杖将其擀长。

18 将擀好的面团折叠成3层。

19 盖上保鲜膜冷藏松弛20分钟。

（步骤17、18、19重复5遍。）

20 最后擀成0.6厘米厚，用叉子在其表面戳孔。

（戳孔可以使酥皮在烘烤时更容易排出水蒸气，烘烤出来的酥皮更酥脆。）

第六步：烘烤

21 在其表面放1张高温布，用烤盘压着烘烤。放入烤箱，以上火180℃、下火160℃，烘烤约40分钟。

22 烘烤至金黄色后表面喷上糖水，继续回炉烘烤10分钟。烤后取出，冷却。

第七步：烤后加工

23 将冷却好的酥皮切割成宽5厘米、长10厘米的长方形。

24 相应挤上2层香草奶提，叠压。

25 糖粉过筛，挤适量香草奶提，放上坚果装饰即可。

焦糖杏仁坚果塔

扫码观看制作视频

🥄 制作数量：4个。

🧁 产品介绍：焦糖杏仁坚果塔的塔皮酥到掉渣，加上焦糖包裹着各种坚果，又酥又甜的美
妙口感，治愈感十足。

材料

塔皮

糖粉 50克

食盐 1克

黄油 76克

鸡蛋 30克

低筋面粉 125克

杏仁粉 20克

焦糖酱

细砂糖 60克

水 10克

淡奶油 60克

内馅

杏仁奶油 .... 适量

混合坚果 50克

杏仁奶油

黄油 100克

糖粉 100克

鸡蛋 100克

杏仁粉 100克

表面装饰

焦糖酱 .... 适量

椰蓉 .... 适量

坚果碎 .... 适量

操作步骤

第一步：制作塔皮

1 将糖粉、食盐、黄油放入容器中拌匀。

2 加入鸡蛋拌匀。

3 加入过筛后的低筋面粉、杏仁粉拌匀成团状。

4 放在高温布上擀成0.5厘米厚，放入冰箱冷藏20分钟。

5 取出，按压出圆饼，放在塔皮钢圈内向下按压，用刮刀去除边缘多余部分，用竹签扎洞。

6 放入烤箱，以上火180℃、下火160℃，烘烤约16分钟，取出脱模，冷却备用。

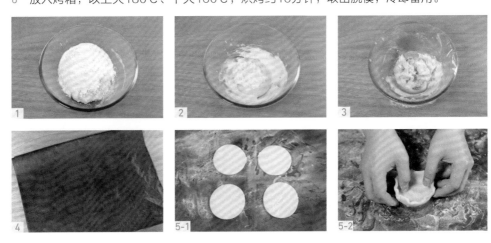

第二步：制作杏仁奶油

7 将黄油、糖粉放入容器中搅拌至微微发白。

8 加入鸡蛋拌匀。

9 加入杏仁粉拌匀。

第三步：制作焦糖酱

10 将细砂糖、水倒入奶锅中煮至焦糖色。

11 加入淡奶油搅拌均匀。

第四步：组合

12 将杏仁奶油挤入冷却好的塔皮内，抹平表面。

13 放入适量的混合坚果。

14 放入烤箱，以上火180℃、下火160℃，继续烘烤约10分钟，取出冷却。

15 表面抹上焦糖酱，放适量坚果碎，撒上少许椰蓉装饰。

伯爵车轮泡芙

🥄 制作数量：4个。

🧁 产品介绍：车轮泡芙形状奇特，圆形表面铺满了杏仁片，坚果香味浓郁，配上打发的奶油，口感轻盈绵密，让人欲罢不能，一口接一口，停不下来。

材料

酥粒
黄油 30克
细砂糖.............30克
中筋面粉 50克

泡芙皮
黄油 60克
中筋面粉 60克
赤砂糖.............30克

伯爵奶油馅
吉利丁.............1.5克
伯爵红茶 8克
淡奶油a 135克
白巧克力 50克
牛奶巧克力.......20克
细砂糖.............20克
淡奶油b 135克

泡芙壳
水 100克
牛奶 100克
黄油 88克
赤砂糖.............4克
食盐 4克
中筋面粉 108克
鸡蛋 196克

表面装饰
蛋白 ....适量
坚果 ....适量
酥粒 ....适量
伯爵奶油馅.......适量
糖粉 ....适量

第一步：制作酥粒

1 将所有酥粒食材混合，用手搓成粒，备用。

第二步：制作泡芙皮

2 把泡芙皮所有的材料放入容器中。用手按压均匀成团状。

3 将其放在高温布或油纸上，表面再盖1张高温布或油纸，用擀面杖将其擀成0.2厘米厚，放入冰箱冷冻。

第三步：制作伯爵奶油馅

4 将吉利丁放入冰水中浸泡至泡软。

5 伯爵红茶、淡奶油a倒入奶锅中加热至沸腾，盖上保鲜膜焖5分钟。

6 过滤出茶叶，倒回奶锅中继续加热至约70℃，加入巧克力、泡软的吉利丁拌匀。冷藏10分钟。

7 取出，加入细砂糖，搅拌至顺滑。

8 加入打发后的淡奶油b，拌匀即可装入裱花袋。放入冰箱冷藏备用。

第四步：制作泡芙壳

9 把水、牛奶、黄油、赤砂糖、食盐倒入奶锅中。加热至完全沸腾。

10 加入过筛后的中筋面粉快速搅拌成团。翻炒至底部有1层焦化的面糊。

（翻炒的目的是将面糊中的尽量水分炒干，让其有能力吸收大量的鸡蛋。）

11 倒入搅拌机中，中速搅拌，降温至50℃。

（鸡蛋在60℃以上就开始凝固结块，所以面糊温度需控制在50℃左右。）

12 分3到4次加入鸡蛋。

（分次加入鸡蛋会使面糊融合更加充分。）

13 最后搅拌至缓慢流动的状态即可装入带有齿形裱花嘴的裱花袋中。

14 在垫有高温布的烤盘上挤成直径约10厘米的甜甜圈形。

（可以提前用同等大小的圆形模具底部粘少许面粉，印在烤盘上，这样容易挤圆。）

第五步：烤前装饰

15 取出冷冻好的泡芙皮，用圆形模具按照挤好的面糊大小按压出泡芙皮。

16 将其轻放在挤好的泡芙表面。

17 刷1层蛋白，撒上坚果、酥粒。放入烤箱烘烤。

第六步：烘烤

18 放入烤箱，以上火180℃、下火190℃，烘烤约26分钟后取出，冷却备用。

第七步：烤后装饰

19 将冷却好的泡芙侧面对半切开，挤上伯爵奶油馅，放上适量坚果。

20 盖上切割部分，表面撒适量过筛的糖粉。

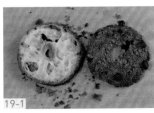

11
PART
11

中式点心

蜂蜜柚子绿豆糕

🥄 制作数量：21个。

🧁 产品介绍：绿豆糕是传统特色糕
点之一，属消暑小食。有咸甜之
分，色泽浅黄，口感细腻，味道
纯正，绵软不腻。

材料

脱皮绿豆 500克

牛奶 250克

细砂糖..............10克

奶粉 80克

黄油 90克

蜂蜜柚子酱.....150克

第一步：准备工作

1　提前一天将脱皮绿豆泡软。

（泡水后绿豆更容易煮开。）

第二步：制作绿豆糕

2　将泡软的脱皮绿豆倒入奶锅中，加入清水煮至软绵状态。

3　煮好的绿豆过筛出多余的水。

（尽量过滤水，这样绿豆容易煮干成团。）

4　将牛奶、细砂糖、奶粉、黄油、蜂蜜柚子酱和过筛好的绿豆倒入料理机中打至细腻顺滑。

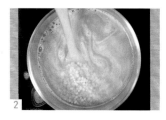

5　将打好的绿豆液倒入奶锅中小火煮至类似耳垂的软硬程度。

（太软容易粘黏，没口感；太硬吃起来过干。）

6　将煮好的绿豆取出，分割成50克/个，揉成团，摆放在烤盘上，放入冰箱冷藏1小时。

7　用绿豆糕模具按压成形。

核桃酥

🥄 制作数量：17个。

🧁 产品介绍：核桃酥是著名小吃，原名核桃糕。主要以核桃为原料，其营养价值非常高，口感细腻柔软，口味滋糯，纯甜，突出了核桃的清香。

扫码观看制作视频

材料

核桃酥
黄油.................73克
猪油.................73克
糖粉.............100克
鸡蛋.................25克
低筋面粉........250克
臭粉（碳酸氢铵）
.........................2克
食粉（小苏打复配
食盐）...............2克

表面装饰
黑芝麻..............适量
蛋黄液..............适量

第一步：制作核桃酥

1　将黄油、猪油、糖粉放入容器中。用电动打蛋器将其充分搅拌至发白。
（充分搅拌可以让油脂内充满空气，这样做出来的饼干比较酥脆。）

2　加入鸡蛋继续搅拌均匀。

3　加入过筛后的低筋面粉、臭粉、食粉。用手叠压成团状即可。
（粉类过筛可以让食材混合均匀。）

4　将其分割成30克/个，滚圆。

5　放在烤盘上，用手掌稍按扁。

6　用手指在面团中间按压出1个凹痕。

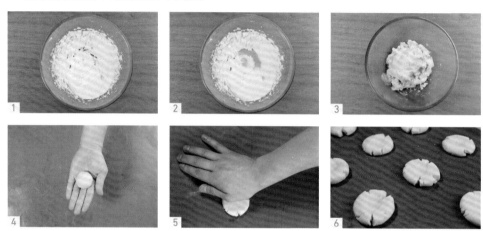

第二步：烤前装饰

7　在其表面刷上蛋黄液，撒上适量的黑芝麻。

第三步：烘烤

8　放入烤箱，以上火170℃、下火150℃，烘烤约18分钟，至金黄色。

蛋黄酥

 制作数量：14个。

🧁 产品介绍：蛋黄酥属于传统的中式糕点，纯手工制作。色香味俱全，口感层次分明，外皮酥脆软香，馅料软和，蛋黄咸酥，一口咬下去沙沙的，蛋黄还冒油，让人欲罢不能。

扫码观看制作视频

材料

油酥

猪油 50克
黄油 50克
低筋面粉 200克

内馅

红豆馅 ....适量
咸蛋黄 ....适量
朗姆酒 ....适量

油皮

水 85克
猪油 43克
黄油 43克
低筋面粉 140克
高筋面粉 60克
糖粉 30克

表面装饰

蛋黄液 ....适量
黑芝麻 ....适量

第一步：准备工作

1　将咸蛋黄表面喷少许朗姆酒，放入烤箱烘烤6分钟，至半熟状态，备用。

第二步：制作油酥

2　将所有油酥食材放入容器中。

3　拌匀至无干粉面团备用。

　（油酥内含有大量的油脂，搅拌时切勿过度搅拌，避免油脂分离。）

第三步：制作油皮

4　将所有油皮食材放入搅拌桶中，中速搅拌至出厚膜即可取出。

5　取出后滚圆，盖上保鲜膜，松弛15分钟。

第四步：分割

6　将红豆馅分割成25克/个，油酥分割成13克/个，油皮分割成27克/个。所有食材滚圆成团
　备用。

　（食材容易风干，须盖保鲜膜。）

第五步：组合整形

7　红豆馅包裹1粒烤好的咸蛋黄备用。

8　将油皮按扁包裹油酥。

9　放置于案板上用擀面杖将其擀开，卷成较长的圆柱形。盖上保鲜膜继续松弛5分钟。

　（擀置时可以在案板上适当撒上面粉或者涂抹色拉油防粘。）

10 取出，继续擀开，卷成较短的圆柱形。盖上保鲜膜再次松弛5分钟。

11 取出，将其擀薄至巴掌大小。

12 将包裹好的红豆馅放置于面团中心，将其完全包裹起来。

（要注意收口黏合程度，避免黏合处裂开，馅料外露，影响外观。）

第六步：初次烘烤

13 移至烤盘上，放入烤箱，以上火190℃、下火180℃，烘烤8分钟。

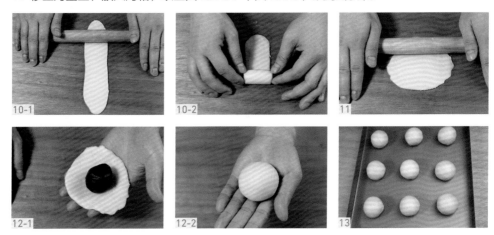

第七步：再次烘烤

14 取出冷却，表面刷2次蛋黄液，撒少许黑芝麻，放入烤箱，以上火190℃、下火180℃，烘烤约13分钟。

（烘烤后再涂抹蛋液可以缩短蛋液覆盖时间，让面团里的水分有效的挥发，层次更佳明显，并避免产生裂纹。）

脆皮麻薯球

🥄 制作数量：20个。

🧁 产品介绍：风靡全球的网红小吃麻薯球，外形胖嘟嘟的，口感外脆里弹，酥到掉渣。好吃得停不下来。

材料

木薯淀粉........130克	黄油................30克	高筋面粉..........20克
牛奶a.............70克	细砂糖.............25克	鸡蛋 60克
牛奶b.............70克	食盐.................1克	

操作步骤

第一步：制作脆皮麻薯球

1 将木薯淀粉、牛奶a放入容器中搅拌至无颗粒，备用。

2 将牛奶b、黄油、细砂糖、食盐倒入奶锅中加热至沸腾。

3 将煮沸的步骤2牛奶液倒入步骤1材料中搅拌均匀。

4 倒回奶锅，中小火加热至黏稠。

（注意是小火加热，避免面糊糊底。）

5 加入高筋面粉拌匀后冷却降温至50℃备用。

（温度过高后面加入鸡蛋容易烫熟。）

6 加入鸡蛋拌匀至半流动状态。

7 装入裱花袋中，挤在垫有高温布的烤盘上。

第二步：烘烤

8 放入烤箱，以上火170℃、下火180℃，烘烤约25分钟，至金黄色。

老婆饼

扫码观看制作视频

🥄 制作数量：15个。

🧁 产品介绍：老婆饼是以糖、冬瓜、小麦粉、糕粉、饴糖、芝麻等材料为主要原料制成的一种广东潮州地区的特色传统名点。

材料

馅料	油酥	油皮
热水 80克	猪油 50克	水 85克
细砂糖...........32克	黄油 50克	猪油 43克
冬瓜糖...........16克	低筋面粉 200克	黄油 43克
椰蓉 12克		低筋面粉 140克
糕粉 40克	表面装饰	高筋面粉 60克
白芝麻...........16克	白芝麻............. 适量	糖粉 30克
黄油 16克	蛋黄液............. 适量	

操作步骤

第一步：制作馅料

1 除热水外，所有馅料食材加入容器中。

   （白芝麻提前炒熟，做出来的馅料更香。）

2 加入热水后快速搅拌成团备用。

第二步：制作油酥

3 将所有油酥食材放入容器中。

4　将其拌匀至无干粉面团即可。

　　（油酥内含有大量的油脂，搅拌时切勿过度搅拌，避免油脂分离。）

第三步：制作油皮

5　将所有油皮食材放入搅拌桶中，中速搅拌至出厚膜即可取出。

6　取出后滚圆，盖上保鲜膜，松弛15分钟。

第四步：分割

7　将馅料分割成30克/个，油酥分割成13克/个，油皮分割成27克/个。所有食材滚圆成团
　　备用。

　　（食材容易风干，须盖保鲜膜。）

第五步：组合整形

8　将油皮按扁包裹油酥。

9　放置于案板上用擀面杖将其擀开，卷成较长的圆柱形。盖上保鲜膜继续松弛5分钟。

　　（擀置时可以在案板上适当撒上面粉或者涂抹色拉油防粘。）

10　取出，继续擀开，卷成较短的圆柱形。盖上保鲜膜再次松弛5分钟。

11　取出，将其擀薄至巴掌大小。

12　将分割好的馅料放置于面团中心，将其完全包裹起来。

13　用擀面杖轻轻擀成圆饼状，放置于烤盘上。

　　（擀时注意力度，过大容易将其撑开，馅料外露。）

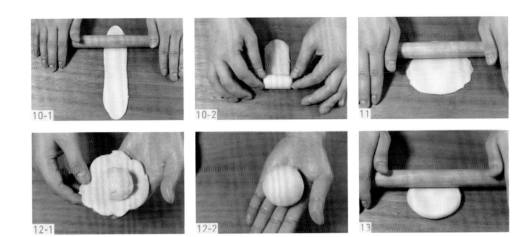

第六步：烤前装饰

14 表面刷上2次蛋黄液。

（刷完第一次蛋黄液后静置3分钟后再次刷蛋黄液，颜色更均匀。）

15 用抹刀在其表面划上两刀，撒上白芝麻后即可。

（刀口深度需能看到馅料。）

16 放入烤箱，以上火200℃、下火180℃，烘烤约19分钟，至金黄色。

海盐小泡芙

🥄 制作数量：15个。

🧁 产品介绍：小泡芙是一道面包奶油制品，金黄色的外观看起来很有食欲，味道咸咸甜甜，中间还夹有奶油，搭配恰到好处。

材料

海盐奶油

黄油 65克

细砂糖.............20克

海盐 1.5克

淡奶油............200克

泡芙壳

水 48克

牛奶.................53克

黄油.................48克

细砂糖................2克

食盐 3克

中筋面粉..........55克

鸡蛋..............100克

第一步：制作海盐奶油

1 将黄油、细砂糖、海盐倒入容器中，用打蛋器充分搅拌至发白。

2 倒入淡奶油继续搅拌均匀，装入裱花袋中。

第二步：泡芙壳

3 水、牛奶、黄油、细砂糖、食盐倒入奶锅中。

4 加热至完全沸腾。

5 加入过筛后的中筋面粉快速搅拌成团。

6 倒入搅拌机中，中速搅拌降温至50℃。

7 分3到4次加入鸡蛋。

（分次加入鸡蛋会使面糊融合更加充分。）

8 最后搅拌至缓慢流动的状态即可装入带有圆齿形裱花嘴的裱花袋中。

9 均匀地挤在垫有高温布的烤盘上，每个约20克。

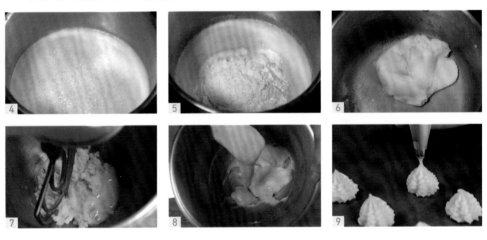

第三步：烘烤

10 放入烤箱，以上火190℃、下火190℃，烘烤约18分钟。烘烤后取出冷却备用。

第四步：烤后加工

11 将调好的海盐奶油从泡芙底部挤入即可。

香芋麻薯虎皮卷

扫码观看制作视频

🥄 制作数量：8个

🧁 产品介绍：外形虎皮呈淡黄色，很诱人，有添加肉松以及纯芋泥，虎皮的蛋奶香比较浓。咸中带有微甜，软糯会拉丝的麻薯虎皮卷，三重感受，老少皆宜。

材料

香芋泥	虎皮	麻薯
熟香芋..........250克	蛋黄..............200克	糯米粉..............80克
熟紫薯............100克	细砂糖............75克	玉米淀粉............2克
炼乳................30克	玉米淀粉........25克	牛奶a..............50克
奶粉................15克	大豆油............30克	牛奶b..............100克
淡奶油............40克		炼乳................20克
黄油................15克	**表面装饰**	水 100克
	沙拉酱............适量	
	海苔肉松..........适量	

操作步骤

第一步：制作香芋泥

1　提前将香芋、紫薯蒸熟。将蒸熟的紫薯和香芋、炼乳、奶粉、淡奶油、黄油混合搅拌均匀备用。

（这里选用的香芋质地比较粉，纤维少。）

第二步：制作麻薯

2　将糯米粉、玉米淀粉、牛奶a、炼乳倒入容器中搅拌均匀备用。

3　将牛奶b、水倒入奶锅中煮至沸腾。

4　将煮沸的步骤2材料倒入步骤1材料中拌匀，倒入奶锅中煮至黏稠，装入裱花袋备用。

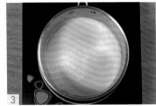
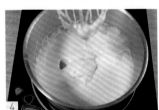

第三步：制作虎皮

5　将蛋黄、细砂糖倒入容器中打至发白浓稠，滴落下来5秒内不会融合。

（可以用竹签来测试搅拌程度，可以立起来说明搅拌充分。）

6　加入玉米淀粉拌匀。

7　边搅拌边缓慢加入大豆油拌匀。

（倒入时需缓慢沿着容器边缘倒入，油脂较重容易沉底。）

8　倒入铺有油纸的烤盘上，用刮刀刮平整。

（烤盘上可以涂抹油脂来粘黏，这样油纸不容易脱落、跑位。）

第四步：烘烤

9　放入烤箱，以上火230℃、下火100℃，烘烤约7分钟，至表面出现虎纹，取出冷却备用。

（提前预热好烤箱是烤好虎皮蛋糕的关键之一。）

第五步：烤后装饰

10　将冷却好的虎皮蛋糕倒扣在垫有油纸的案板上，分割成4份。

11　将香芋泥抹在蛋糕上。

12　将麻薯抹到香芋泥上。

13　将其轻轻卷成圆柱形，定形10分钟。

14　将定形好的蛋糕切割。

15　切口抹上沙拉酱，粘取适量的海苔肉松。

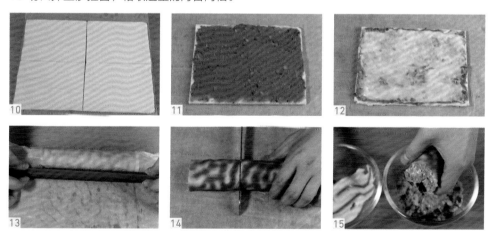

作者简介

黎国雄

- 熳点教育首席技术官
- 第44、45届世界技能大赛糖艺西点项目中国专家组长
- 获"全国技术能手"荣誉称号
- 广东省焙烤食品糖制品产业协会粤港澳台专家委员会执行会长
- 中国烘焙行业人才培育功勋人物
- 全国工商联烘焙业公会"行业杰出贡献奖"
- 全国焙烤职业技能竞赛裁判员
- 主持发明塑胶仿真蛋糕并获得国家发明专利
- 主持发明面包黏土仿真蛋糕

李政伟

- 熳点教育研发总监
- 熳点教育督导部导师
- 国家高级西式面点师,高级裱花师
- 第二十届全国焙烤职业技能竞赛"维益杯"全国装饰蛋糕技术比赛广东赛区一等奖
- 第二十二届全国焙烤职业技能大赛广东选拔赛大赛评委
- 2020年华南烘焙艺术表演赛"熳点杯"大赛评委

彭湘茹

- 熳点教育研发主管导师
- 海峡烘焙技术交流研究会第一届理事会首席荣誉顾问
- 顺南食品白豆沙韩式裱花顾问
- 2016年茉儿贝克世界国花齐放翻糖大赛最佳创意奖
- 2016年美国加州开心果·西梅国际烘焙达人大赛金奖
- 2017年"焙易创客"杯中国月饼精英技能大赛个人赛金奖
- 2018年"宝来杯"中国好蛋糕创意达人大赛冠军
- 2019年美国加州核桃烘焙大师创意大赛(西点组)金奖

魏文浩

· 熳点教育烘焙研发经理

· 国家高级西式面点师

· 烘焙全能课程实战专家

· 2018年，跟随台湾地区彭贤枢大师学习进修

· 2019年至今，跟随黎国雄学习裱花、西点、糖艺

· 第二十一届全国焙烤职业技能大赛广东赛区中点赛一等奖

· 第二十二届"维益杯"全国装饰蛋糕技能比赛西点赛二等奖

王美玲

· 熳点教育西点全能研发导师

· 国家高级西式面点师

· 裱花全能课程实战导师，高级韩式裱花师

· 第二十一届全国焙烤职业技能大赛广东赛区一等奖

· 第二十二届全国焙烤职业技能竞赛"维益杯"全国装饰蛋糕技术比赛广东赛区西点赛一等奖

熳点教育

专注西点烘焙培训

烘焙｜裱花｜慕斯｜饮品｜咖啡｜翻糖｜法式甜点｜私房烘焙

熳点教育是专注提供西点烘焙培训的教育平台，在广州、深圳、佛山、重庆、东莞、成都、南昌、杭州、西安等市开设12所校区，是知名的烘焙教育机构。

凭借专业的西点烘焙教育，获得广东省烘烤食品糖制品产业协会家庭烘焙委员会会长单位、广东省烘焙食品糖制品产业协会副会长单位、第二十至二十二届全国焙烤职业技能竞赛——国家级职业技能竞赛指定赛场等行业认证。

熳点教育始终坚持做负责任的教育，由熳点首席技术官黎国雄和中国烘焙大师彭湘茹带队研发课程，涵盖烘焙、裱花、慕斯、咖啡、甜品等多个方向。每年帮助上千名学员成功就业创业。

图书在版编目（CIP）数据

烘焙教科书 / 黎国雄主编. —北京：中国轻工业
出版社，2023.4
ISBN 978-7-5184-4164-8

Ⅰ. ①烘…　Ⅱ. ①黎…　Ⅲ. ①烘焙—食品加工
—教材　Ⅳ. ① TS213.2

中国版本图书馆CIP数据核字（2022）第193676号

责任编辑：马　妍
文字编辑：武艺雪　　责任终审：高惠京　　整体设计：锋尚设计
策划编辑：马　妍　　责任校对：朱燕春　　责任监印：张　可

出版发行：中国轻工业出版社（北京东长安街6号，邮编：100740）
印　　刷：鸿博昊天科技有限公司
经　　销：各地新华书店
版　　次：2023年4月第1版第1次印刷
开　　本：787×1092　1/16　印张：15.25
字　　数：260千字
书　　号：ISBN 978-7-5184-4164-8　定价：98.00元
邮购电话：010-65241695
发行电话：010-85119835　传真：85113293
网　　址：http://www.chlip.com.cn
Email：club@chlip.com.cn
如发现图书残缺请与我社邮购联系调换
210995K1X101ZBW